最強の組織力

やる気を引き出す条件

長谷川慶太郎

ビジネス社

最強の組織力

増補改訂版にあたって

二〇一六年は、四年に一度開催されるオリンピックの年である。

今回のリオ五輪でメダリストが表彰されるさいに、ロシア連邦の国歌演奏を耳にした方も多いと思うが、ロシア連邦の国歌はなんと旧ソ連邦のままであった。

これは驚愕の事実で、こんなことというと悪いが、国歌なんて簡単に変更できる。作曲家はいっぱいいるのだから、ちょっと命令して発注すれば、新しい国歌なんかすぐできるはずである。それができないということは、完全にソ連邦からの離脱ができていないことを表している。

ソ連邦の国歌は八〇年ほど前にスターリンの指示によりつくられているが、それがそのままロシア連邦国歌として使われているのである。

国歌を変えることぐらい、トップが決意すればすぐできるはずなのに、それすら実行していない。そんな簡単なことすらできないのは、まずやる気がないと考えて間違いない。

ソ連邦は一九九一年一二月に、共産党がつぶれて崩壊したはずである。それが現在の二〇一六年に至るまで二五年間、国歌すら変わっていない。プーチンがやっているのは結局のところ、ただソ連邦の継承にすぎないという事実である。

たとえばドイツ連邦共和国ができた一九九〇年に、国歌をどうするか大問題になった。というのは、それまで統一ドイツの国歌といわれていたのは帝政ドイツの時代の「ドイツ人の歌」第一番である。それが第一次大戦に負けて、今度はナチが台頭して戦争になり……と続いて、敗戦国になった。統一国家が消滅するとなったときに、そのままでは都合が悪い。結果として、ドイツ国民のためにわかりやすい国歌がないかということで非常な論争が繰り広げられた。国歌というのはそういう性格の重要なものである。だからこそ慎重に検討される必要がある。

また中華人民共和国の国歌はご存じのとおり「義勇軍行進曲」である。これは、まったく中華民国時代の国歌とは違う。だから国家のシンボルともいうべき国歌を変えることを一番最初に目指す。これができないなら、他のものは変えられない。また変える気がないと考えてよい。ソ連邦は消滅したはずなのに、まさに残っている。その象徴ともいえるのがこの国歌である。これは、単に国歌というのは歌にすぎないじゃないかという程度の認識にはとどまらない。国歌というものは一番簡単に変えられるだけに、国歌を変えるということはすべてを変えるということに通じているという発想が必要であろう。つまり、その意味では国体が変わっていないと考えて間違いはない。

しかしここで重要なのは、本来ならばソ連が解体、崩壊、消滅したということで、国家体制が全部変わっていなければならない。政治体制から、経済制度、とくに国営企業の計画経済体制をどうやって変えるか。それがまったくできていない。要するに共産党にとって代わる政党がないと考えてよい。

本書の原著である『組織の戦闘力』は一九八六年に刊行し、今日までの三〇年間に大事な事件が二つ起こった。

一つは、冷たい戦争が終わったことである。基本的には終わった。これは私が『「情報化社会」の本当の読み方』（一九八五年　PHP研究所）で予測したとおりとなった。

もう一つは、敗戦国では必ず政治体制が崩壊するというセオリーである。これは敗戦国の必然であり、したがって冷戦の敗戦国にあった共産党も崩壊したということである。

そうした世界情勢の変化に鑑み、今回の再刊行にあたってはロシア軍や日本の安全保障の項目を加筆するなど大幅な改定を行った。ただし一部の記述は前後の話題の流れから判断して執筆当時のまま残した。

読者のご一読をお願いする。

長谷川慶太郎

はしがき

私は、第二次大戦が終わったとき、旧制高校の一年だった。祖父が蔵前職工学校（いまの東京工業大学の前身）、父が富山薬専から東大専科といずれも理科系を歩んできたから、私自身も何の疑問も持たないまま当時の第八高等学校理科に進学した。たまたま、私より一年年長の従兄が八高に入っていたし、親戚《しんせき》にも八高出身者がいたこと、母の郷里が岐阜県中津川だったなどの理由で、八高を選んだにすぎない。ここで敗戦を迎えた私は、「日本がどうして戦争に敗れたか」というより、「どうして戦争をやったのか」に強い関心を持った。戦争中、陸士、海兵など軍学校はもちろん、海軍の予科練、陸軍の特幹にも志願しなかった私は、旧制中学での軍事教練以外に、正規の軍事教育を受けた経歴がない。

その私が軍事問題に興味を持つようになったのは、第二次大戦の敗北を通じての体験とその後の日本の激変を通じてである。この激動は、私個人にとっても辛酸なものだったし、大学卒業の後も長い間下積みの生活を続けながら、しだいに戦争あるいは軍事を勉強すること自体が、自分の「趣味」になることを自覚するようになったのは、どういうわけだろうか。その一つの理由は、戦争それ自体の持つロマンチシズムだろう。人類の歴史は、そのまま戦争の歴史といってもよい。戦場での生活は厳しく、かつ辛いものだが、それを生き抜いた人々にとっては、その記憶は美しい。軍人としての生活は単調であり、退屈なものだが、そのなかには生命の危険を顧みず、もっぱら命令に忠実に服従しながら、敵を殺す戦闘行動に専念する「男の生命を燃焼させる」ロマンの香りがそこはかとなくただよっている。人類は、他の動物には見られない「破壊本能」とでもいうべき性質を、誰でも潜在意識として持ち合わせている。それを国家の公認の下に、思うさま発揮できる機会がやはり戦争なのである。

もちろん近代戦争においては、戦争それ自体が強大な破壊力をもって、文明を破壊し、非戦闘員である女子供まで殺し尽くす野蛮な行為という性格を強めているのは紛れもない。それでも、文明が崩壊するのは壮大な悲劇である。その悲壮さが人々を強く引きつける。その渦中にある人々にとっては、それほど辛い経験であったとしても、外側から見ている人間にとっては、それは壮大な悲劇として見守るに値する。

と同時に、戦争は国家の意志を貫徹するための「暴力行為」である。戦争に勝つためには、国家の総力を戦争目的に結集しなければならない。そのためには、国家は手段を選ばない。その非情さも、戦争をいっそうロマン化する要素といってよいだろう。

また、戦争の勉強を通じて国際情勢を動かしている「力」と「力」とのからみ合いをメカニカルにとらえる習性を、いつの間にか身につけたことも、一段と戦争の魅力に取り込まれるようになった理由の一つかもしれない。

よく考えてみれば、もっと大切なことがある。それは、戦後の日本が「平和国家」、「軍事小国路線」を国是としているため、他の国々が、たとえば日本とごく近い隣国、韓国でさえ戦争に巻きこまれているのに、日本はついに戦争を七〇年間も経験しないですんでいる。このため、日本人はいわば「安全地帯」に身を置いて、他の国民が必死に戦っている姿を見物する特権に恵まれている。私自身もその恩恵に与《あずか》っている。「安全地帯」、つまり自分が殺される危険を感じないですむ場所から、他人の殺し合いを眺めておれば、こんな面白いことはない。こういう不謹慎な発言は、多くの人々の反発を買うかもしれないが、率直にいったまでのことである。また、日本がいつまでこの恵まれた「平和国家」の地位を守り通せるか、その展望をはっきりつかむとともに、この日本人にとって最大の恩恵を守り抜くためにどういう政策をとるべきかについても、冷静な情勢分析に努力する必要がある。それには、世界を動かしている「力」の一つ、軍事力、そこから生まれる軍事情勢の推移に強い関心を持たなければならない。

日本は米国と同盟している西側先進国に属する「経済大国」でありながら、あえて「軍事小国」の路線を選択して今日に至っている。他の同盟国とまったく異なるこうした日本のやり方が、はたしていつまで認められるのか、それはまず第一に国際情勢の動きにかかっている。国際情勢が緊張して米ソ間に戦争の危機が切迫するときがきたとすれば、もちろん日本のあり方は変わらざるをえない。そのとき、日本としてどういう政策をとるべきか、この問題に正確な回答を出すにも、軍事問題についての理解を深める努力がすべての日本人に求められる。

もちろん戦争は、人間にとって最大の悲劇である。いつの世でも、戦争に勇んで出ていく若者の背を、悲しみに満ちた目で見送るのは母親である。この対比は、古今東西を通じて変わらない。その母親が、しぶる息子を励まして戦争に送りだす場面もないではない。そのときは、国家が滅亡に瀕《ひん》した危機である。いまの「平和な日本」では想像もできないことかもしれないが、現実にそういう危機の可能性はある。そんな危機を避けることこそ、一国の指導者、政治家の責任である。また議会制民主主義国においては、そのときに自ら責任をとってたじろがない政治家を選出する国民の責任といってよい。

国際政治を動かしている大国の力を評価するにも、日本の基準をそのまま適用することはできない。日本のとっている「軍事小国」路線は、いまの世界の常識に反するからである。この日本の特殊性を正確に理解するためにも、日本人は軍事問題を真剣に勉強しなければならないのだが、戦後の日本人はあまりにも戦争中の経験、とくに軍人の横暴に反発するあまり、軍事問題の勉強自体を否定する誤った感覚に支配されすぎている。この誤りを生んだのは、もちろん戦前軍部を支配してきた高級将校たちの横暴であると同時に、戦後の日本人が置かれてきた、他国とは比較にならないほど恵まれた国際環境に、日本人があまりにも甘えすぎたことにもある。日本人として、この点に深い反省が必要であろう。もしこの深刻な反省ができないなら、日本人は国際社会で生きる資格がないと非難されても仕方あるまい。日本人のように、他国の国民が殺し合いをやっているのを、安全なところで高みの見物をきめこんでいる国民は、世界の人々から一方で羨望《せんぼう》の目で眺められるとともに、強い反感を持たれる対象になるのは避けられない。

さて、戦争が終わったあと、日本が敗北した事実は紛れもないとしても、日本軍将兵は規律厳正、指揮官の命令に忠実に服従し、至るところの第一線の戦場できわめて勇敢に闘ったといえるのではないか。第一線の将兵がいかに勇敢に闘っても、悲しいかな国力に劣る日本は、近代戦を闘うに足るだけの経済力がなく、米国の際立った物量と秀れた技術の前にはいかんともできなかった。こういうのが、敗戦直後の日本国民一般の気持ちだった。私も、その例外ではない。

日本以上に激しく闘い、全国土が戦場になり、占領されるまで降伏しなかったドイツでは、日本よりもいま一段と敗戦の責任が軍人にあるのか、それとも政権を握ったナチにあるのかをめぐって、激しい意見の対立があった。これは敗戦国として当然の反応である。敗戦直後は、「勝てば官軍」の発想が支配しているから、戦勝国側では実際に自国の軍隊がドイツ軍、日本軍と戦場でどのように有効に闘ったかを正確に分析する作業は、まったくなかったといえる。戦後七〇年たって、第二次大戦もようやく歴史の領域に入るとともに、こうした戦場での軍隊の効率についての科学的な分析もようやくまとまってきた。さて多くの資料を改めて分析してみると、意外にも米軍、英軍とも戦闘効率はドイツ軍よりもはるかに劣っているだけでなく、戦勝の陰にかくれてしまったとはいえ、きわめて多くの欠陥があった事実が次々に出てきた。

改めて、軍隊の強さとは何かが問われるようになったのである。また同時に、こうした強い軍隊を持ちながら戦争に敗れるのはなぜか、それは誰の責任かが改めて鋭く問われることになった。日本の場合も同じである。第一線で闘った将兵は、いかに勇敢でもかれらに兵器弾薬を補給し、敵に優る性能の新兵器を供給できないなら、将兵の勇敢さだけでは戦闘そのものに勝つことすらできない。第一線将兵の発揮した勇敢さは、戦争の勝敗に関係がないとすれば、戦争に勝つためにはいったい何をすればよいのか。こうした反省が、敗戦国にとってはもちろん、戦勝国にとっても必要になってきたのである。

その一例が、オランダ出身の著作家、マーチン・ファン・クレフェルトである。かれは『補給戦』（佐藤佐三郎訳、原書房刊）で世の注目を集めた新進だが、次に『戦闘力』（一九八二年、グリーンウッドプレス社刊）を出版し、そのなかでドイツ、米国両国の軍隊の戦闘効率を比較、研究したが、その結論はドイツ軍のほうが軍隊としてははるかに高い戦闘効率を示したというのである。これは、意外な結論ではない。軍事専門家なら誰でも同じ結論に達していただろう。日本でも同じような研究があってもよいのではないか。これが、本書に着手した理由の一つでもある。

もう一歩勉強している間に、大きな問題にいやでも気づかされた。それは、同じ人間集団でありながら、企業と軍隊との類似性と違いである。企業経営は、軍隊の指揮と共通点もあり、同時に大きな相違がある。この点に着目したのは、日本の経済成長が世界のモデルとされるほど成功し、日本的経営方式が世界の関心を引いているためである。同じ日本人でありながら、四〇年前の戦争であれほど見事に完敗し、その後どこでどう心を入れかえたのか、日本人は世界に冠たる優れた経済を建設した。この違いは、いったいどこからくるのか。その理由を探るには、原理の面、つまり企業と軍隊との違いと共通点についても考えなければならない。こうした思いが重なって本書になったのである。はたして著者の思惑どおりになっているかどうか、そのあたりについては読者の皆様の御批判を待ちたい。

終わりに、本書をとにかくまとめあげられたのは東洋経済新報社の鹿島信吾氏、小川正昭氏の御努力のおかげである。とくに記して感謝したい。

昭和六〇年一二月

長谷川　慶太郎

本書は昭和六一年一月に東洋経済新報社より刊行された『組織の戦闘力』に加筆、改題した増補改訂版です。

第1章　強い軍隊をつくるには

第一節　軍隊の強さとは何か

第二節　軍隊の強弱と戦争の勝敗

第三節　軍隊を強くするには

第2章　戦闘力を発揮する組織

第一節　幹部の養成と教育

第4章　第二次大戦での軍隊の実績

第四節　ソ連軍

第五節　中国人民解放軍

第六節　日本軍

第1章　強い軍隊をつくるには

第一節　軍隊の強さとは何か

軍隊とは何か

軍隊とは、武装した人間集団の一種である。武装した人間集団には、ほかにもいろいろなものがある。たとえば、ピストルその他の軽火器で武装した警察もその一つである。政府機関のなかには、刑務所看守、運輸省（現在の国土交通省）に属する海上保安庁の職員、鉄道公安官など武装して勤務する職種も少なくない。外国では、概して日本よりも治安が悪いから、武装して勤務する政府職員の種類も数も、はるかに多い。かれらは、その職責上、武装することが法的に認められている。いいかえれば、合法的な武装集団といってよい。

　合法的に武装した集団と違って、政府が認めていない非合法の武装集団も多い。日本にはそういう集団が存在しないが、世界には武装集団は数多くある。そのなかには、反政府活動を目的にした、つまり政治的な目的のために、武装して活動する集団がある。いわゆる反政府ゲリラである。また単なる犯罪を目的にした武装集団もある。この両者を厳密に区別することは困難である。反政府活動に目標を絞っても、武装行動のもたらす必然的な結果として、一般人にも武器を行使して被害を与えることが少なくない。政府機関、政府の役人だけを攻撃の対象にしようとしても、必ずしもうまくいくとは限らないし、生きていくためには反政府ゲリラは一般住民から食糧、衣服、医薬品、自動車などを強制的にとりあげる必要が生ずる場合も、けっして少なくはない。これは、外見上犯罪とみなされる。

　こうした多種多様な武装集団のなかで、軍隊ははっきりした特徴を持っている。その一つは、①政府が組織した合法的な武装集団であり、かれらは、②政府から給料、経費の支給を受けるとともに、③政府が任命した指揮官の命令に服従し、④一般人とは明らかに区別された服装（軍服）を着用し、⑤それぞれの階級を示す徽章《きしょう》をつけている。つまり政府機構の一部に属する存在である。さらに⑥一定の地域、施設に集団で居住し、二四時間勤務する。そのうえ、⑦かれらは指揮官の命令に対する絶対的服従を法律で要求され、政府＝指揮者の命ずるままに、⑧火器を使用する行動を原則とする集団である。一言でいって、軍隊は「戦争」を目的に建設され、運営されている武装集団である。

最後の特徴は、同じく政府機関の一部である武装集団、警察とのはっきりした区別である。警察が、犯罪の捜査、犯人の逮捕を主たる目的とし、武器の使用は自らを防衛するため、あるいは緊急やむをえざる場合に限定されているのに比べ、軍隊は政府の命令で出動したときには、無制限に武器を使用する法的な資格を認められた武装集団なのである。

軍隊を構成する要素

軍隊は、人間とかれの使用する武器から構成されている。この両者は、相互にからみ合う関係にある。軍隊の行動する場面、たとえば陸上なら陸軍、海上なら海軍、空中なら空軍、宇宙ならロケット軍と活動の対象となる場によって区分される。さらに使用する武器の種類によって、細かく分化する。すなわち陸軍なら、小火器を使う歩兵、大砲を操作する砲兵、戦車を動かす戦車兵と装備している武器の種類によって、編成も訓練もまったく違う兵科に分類される。

また武器の進歩とともに、陸軍、海軍、空軍などの軍種の――同じ軍種のなかでも兵科の――役割や、構成比、機能は変化する。航空機が発明された直後の空軍は、その能力が低かったため、きわめて小規模の補助兵科だったが、航空機技術が進歩するとともに、その役割も規模も急速に拡大した。ロケット技術の発展で、宇宙が戦場になるというかつては考えられなかった事態が生まれている。

　武器の進歩と同時に、軍隊の構成も運用のやり方も大きく変化する一方、敵国を上回る優れた性能の武器を開発するための激しい競争が、技術革新と結びついて、世界全体にわたって展開している。これに伴い、軍隊を構成するもう一つの要素、人間にも強い変化が生ずる。人間を動かすものは、政治体制である。革命によって解放された巨大な精神的なエネルギーが、戦争に結びつくときには、その国の軍隊を著しく強化する。

軍隊の目的

　軍隊の任務は、政府の命令に従い、政府の意図する軍事目的を達成することにある。政府が、その意志を貫くために、他国に対して戦争を開始したとき、軍隊は戦争遂行の主要な手段として、軍事的な勝利を目的として行動する。

　軍隊の目的は、対する敵軍を圧倒し、その戦闘力を崩壊させ、戦闘を続けようとする意志（戦意）を奪うことである。そのための主な手段は次に述べる戦闘だが、必ずしも戦闘だけが敵の戦闘力を崩壊させる手段ではない。制空権を奪い、敵軍への補給を遮断して、兵員の生存を不可能にすることも、重要な手段である。

　軍隊は、戦争になって初めて、本格的に武器を行使するが、戦闘に勝利するためにあらゆる準備をすることが、その任務である。政府が配分した経費（軍事費）を最も効果的に使って、可能なかぎり高い戦闘力を保有すること、これが平時の軍隊に与えられた任務である。

戦闘により真価を発揮

軍隊同士が衝突したときに、戦闘が発生する。戦闘での勝敗は、兵力の大小、軍隊の運用法、すなわち指揮官の能力、装備している武器の性能、さらに兵員の士気と訓練によって決定される。

戦闘は、軍隊の真価を決定する唯一の場面である。戦闘に勝てない軍隊は、平時にいくら威容を誇っていても、単なる飾り物にすぎない。国家の意志を実現するための手段が軍隊である以上、これは当然のことである。戦闘に強い軍隊を建設することこそが、その国の軍事政策の目的である。

ところで、戦闘での勝敗とは具体的にはどういうことなのか。戦闘に勝つというのは、敵軍を撃破して戦場から退却させることなのか、より大きい損害を敵に与え、さらには敵軍を全滅させることなのか。あるいは、敵よりも大きい損害を受けても、敵の目的としている行動を阻止することなのか。こうした疑問に一律に回答することはできない。

ある場合には、戦場の支配者として残った側が勝者である。とくに戦車戦の場合、戦闘によって破壊された戦車を回収、修理することが、戦車部隊の戦力を維持するのに決定的な意味を持つが、それには戦場を支配しなければならない。戦車の損害が多いか少ないかよりも、戦場を支配するほうが重要であるとすれば、戦車戦の指揮官は何よりも戦場から一歩も退かない決意を欠くことはできない。

空軍の場合も、戦場上空を支配した側が勝者である。空中戦によって、戦場に進攻した敵の航空機を撃退したとしても、次回の攻撃を再び撃退できるだけの戦力が残らない場合は、迎撃した側の敗北である。ということは、航空機の修理能力、損害の補充能力が勝敗の分岐点になる。空中戦でどちらが大きい損害を受けたかということよりも、その損害を補充する能力が決定的に重要である。より大きい補給能力、後方支援能力を持つ側が、戦場の支配権、つまり制空権を奪取できるからである。

陸戦の場合、一般に戦場を支配する側が勝者である。敗北を認めた側は、戦場を捨てて戦力の再建を図るために退却するからである。損害の多いか少ないかよりも、戦場から退去するかどうかが、やはり重要である。戦場を捨てて退却する側は、追撃する勝者によって火力を集中され、それが戦闘中よりも大きい損害をもたらすことがある。もっとも初めから計画的に退却し、敵の追撃を受けることなく、計画どおりの陣地を占領し、敵の攻撃を待ち受ける場合、それを敗北というわけにはいかない。それでも、退却は軍隊の士気を低下させ、戦場に残った資材を敵の手に委ねる。その不利を考慮しても全体の情勢から退却が必要な場合があり、そのときに秩序を維持しながら、軍隊を退却させる能力は、指揮官に必要欠くべからざるものである。

人間の極限に耐える

戦闘は、参加する人間にとってきわめて苦しいものである。敵の弾によってあるいは戦死し、負傷することもさることながら、戦闘中は食事も睡眠も十分とれない。それも一日、二日の短期間ではない。日露戦争以後の近代戦では、一〇日あるいは二〇日、さらにひどい場合には数カ月も、こうした生活を強要される。

これは、軍隊にすさまじい負担をかけ、兵員を極度に疲労させる。第一線で、敵と射ち合っているときには、まず敵を破ることが最優先する。食事をとる余裕もなく、何時間も戦闘している間、兵員は自己保存の本能に逆らって、命令のまま自分の生命の安全を無視した行動を要求される。人間、誰でも死ぬのはいやである。しかも、食糧は不足し、必要欠くべからざる飲料水でさえ、第一線には足りないのが常である。寝ても覚めても、敵の弾は飛んでくる。塹壕《ざんごう》のなかに潜り込んでいるばかりでは、戦闘にならない。命令というより生き残ろうという本能に従って、敵陣に射撃し、手りゅう弾を投げて戦う日が続く。

こうした極限状態に放り込まれた兵員にとっては、戦闘の勝敗などどうもよいと思われてくる。残るのは、同じ隊の戦友との相互援助の精神、友情である。第一線の指揮にあたる下級将校も、兵員と変わらぬ厳しい生活条件に置かれるだけでなく、かれには一般の兵員よりも重い負担がある。それは、自分の指揮している部下をできるだけ死傷させずに、与えられた任務を達成するために、たえず敵情を偵察し、負傷者の後送、食糧、水、薬品、武器弾薬の補給に配慮し、部下の状態に注意しなければならない。こうした精神的な負担に加えて、必要なときには部下の先頭に立って弾のなかを突進する勇気が求められる。何より必要なことは、指揮官が戦況を正確に判断し、情況によって前進、退却などの措置を的確にとれる冷静な判断力である。

こうした資質を身につけるには、何よりも訓練が必要である。生来戦闘向きの人間など、この世のなかにいるものではない。少なくとも、先進国の国民なら、銃の扱い方を軍隊に入って初めて学ぶという青年が圧倒的である。そのかれらに、武器の操作を教え、敵の弾から身を守る技術を教育するのは、まさしく軍隊での教育訓練しかない。下級指揮官はその教官の役割を果たさなければならない。

勝利であれ、敗北であれ、戦闘がとにかく終わった後は、軍隊はまず休憩しなければならない。戦場から離れた弾の飛んでこない安全地帯で、まず眠る。次いで十分の食事をとり、武器を手入れし、不足している装備を補充し、さらに訓練し直す。戦闘がなくとも、軍隊はたえず活動していなければならない。安全地帯といっても、敵のゲリラ部隊が潜入しているかもしれない。歩哨《ほしょう》を立て、宿舎の灯火を管制し、安全措置を講じておかないことには、いつどういう攻撃を不意に受けるかわからない。

こうした緊張状態を数年にわたって持続する。それが、戦争の実態なのである。この状態に耐えるための教育、訓練を軍隊は兵員に与えなければならない。

忍耐力にも限界

戦闘に耐える軍隊とは、結局のところ忍耐力のある人間集団である。定期的に食事が給与されなくとも、あるものだけで満足する習慣、睡眠が足りなくとも、何日間でも目を覚ましていること、寒さと飢えに耐え、重い装具を身につけて一日に一〇時間以上も歩き続けること、こうした行動にはすべて忍耐力が要求される。

忍耐力のない兵員は、戦闘に耐える能力に欠ける。「戦争神経症」といわれる症状は、この忍耐力の限界に達した兵員が、肉体的な故障はなくとも、もはやこれ以上の戦闘行動を続けられなくなる一種の精神障害である。こうした症状をみせる兵員は、そのまま放置しておけば、戦闘力がなくなるだけでなく、戦友の重荷になるだけである。問題は、こうした兵員が多数発生した場合、どういう処置をとるかである。後方との輸送力が十分ある軍隊では、かれらを病院に収容し、安全な後方に送還して、戦闘部隊以外の部署に配置替えできる。軍隊には、戦闘部隊以外にも後方勤務を担当する兵員が多数いるから、配置替えは理論的にはもちろん可能である。

しかし、輸送力がない場合には、こうした措置のとりようがない。第二次大戦中の日本軍は、まさしくその典型であった。太平洋の島々に取り残された部隊は、食糧など必需品の補給すらできない状態であったから、負傷者の後送も不可能であり、まして「戦争神経症」の患者など、顧みる余裕はまったくなかった。かれらは、そのまま第一戦で戦闘を強要され、戦死したのである。

パイロットのように、後方の基地から出撃、作戦する戦闘員にも、不十分な食事、睡眠しか与えられずに、長期間神経の疲れる空中戦に従事させられれば、同じように「戦争神経症」患者が発生する。海軍でも、長期間の航海を必要とする対潜部隊では、まったく同じである。いずれも、戦場から適当な時期に後退させ、休暇を与えて疲労を回復させれば、再び士気を取り戻す。

こうした人間の忍耐力に限界があるとの認識に立って、日本軍と中国軍を除くすべての軍隊は、第二次大戦中定期的に休暇を与える制度をとった。これは、単なるヒューマニズムではない。そのほうが、はるかに兵員の戦闘力を強化することができ、第一線部隊の能率を高めることができるという実利的な発想から出た措置である。

補給は軍隊の生命線

軍隊は、後方からの物資、人員の補充なしには存在できない。もともと戦争は、物資の消耗を意味するからである。軍事技術は、「消費の技術」「破壊の技術」であって、生産の技術を持つ経済とは逆の立場にある。補給を絶たれた軍隊が、残された物資を活用して「自活」体制をとるのは、きわめて例外的である。第二次大戦中の日本軍は、米軍のために補給路を遮断され、太平洋の島々に大量の兵力が撤退できないまま取り残された。ラバウルがその有名な実例である。「自活」体制に成功したのは、きわめて少数である。現地の戦況、あるいは指揮官の能力によって成否が左右される。

中国人民解放軍は、「自戦自活」の原則をとってきた軍隊として知られているが、その代わりに中国人民解放軍は近代軍隊としての性格に欠ける。近代的な軍隊では、補給なしに生存することも戦闘することもできないのが、一つの特徴となっている。一八世紀のナポレオン戦争では、軍隊の補給の大部分を占めるものは食糧であり、弾薬の消費量はきわめて少なかったから、後方からの補給が途切れても戦場で食糧を掠奪《りゃくだつ》することで軍隊は生存できた。武器の進歩とともに、弾薬の消費量が激増したため、また兵力が増加した結果、戦場とその周辺の地域で物資を調達するだけでは、軍隊の必要を賄うことは不可能となった。

軍隊の必要とする物資すなわち軍需品は三種類ある。その第一は、食糧その他、人間の生活資材である。これは若干の差はあっても、民間で使われている消費財と共通したものである。第二は、輸送・通信機器・建設資材である。船舶、自動車、鉄道車両、セメント、木材、鋼材、電話機、無線機、レーダーなどの機器・資材は、これまた民需品と基本的に変わらない。第三は、火器、狭い意味での武器である。そのなかには、輸送機器と結びついた戦車、軍艦、戦闘用航空機といったものも含まれる。この種類の物資は、ごく限られた一部のもの、たとえば小銃の一部を除けば、民需品をそのまま軍事用に転用することは不可能である。

軍隊の必要とする物資のなかで、最も重要なのはこの第三種のものである。これがなければ、軍隊は軍隊でなくなってしまう。それだけに、補給の重点も第三のグループに置かれるのは当然である。しかも、第三グループの軍需品は、占領地で生産させることは困難で、すべて本国から追送しなければならない。軍隊にとっての最大の課題は、戦闘力を維持するための補給路の確保になる。

人間の不思議な性格

軍隊の強弱を左右するものは、単なる武器の性能ではない。武器の性能が優れておれば、それだけ有利な戦闘が可能になるのはいうまでもないが、武器の性能だけが軍隊の強弱を決めるのではない。軍隊を構成するもう一つの要素、人間が大きい役割を果たす。

考えてみれば、人間というのは不思議な性格を持っている。圧倒的に優勢な兵力を持って攻撃してくる敵に対しても、最後まで抵抗する意志を捨てない軍隊は、世界の歴史のなかでもよく見受けられる。その逆に、優勢な兵力を持ちながら、敵に降伏する軍隊の例もこれまた少なくない。この違いはどこから生ずるのか。その一つは、指揮官の決意が弱いことである。弱将は戦闘に敗れて当然である。さらに兵員の士気も問題である。自分の故郷を敵の侵略から守るためなら、兵力の差など問題にせずに勇敢に戦う兵士、革命の熱情に鼓舞されて、戦闘に全力を挙げる兵士、こうした例はきわめて多い。同じ出身地の戦友のためなら、自らを犠牲にして闘う兵士もある。あるいは、職業的な冷静さで教えられたとおりの戦闘をやる志願兵もいる。

こうした兵員の熱情を引き出し、かれらにやる気を出させるには、それなりの方策と制度が必要なのである。いわゆる「正義の戦争」といったスローガンは、その一部にすぎない。そこに、政治家の、また高級指揮官の責任に属する大きい課題がある。それは、同じ人間集団である企業の運営にも共通した要素を見てとることができる。

第二節　軍隊の強弱と戦争の勝敗

戦争とは何か

「戦争」とは、国家が自らの意志を他国に強要するために行う「武装闘争」である。自国の政策に同調しない国、あるいは強い反対の意志を表明して、政策の遂行を妨害する国に対して、自国の政策を強要しようとすれば、それは必然的に「武力」を行使するほかはない。これが「戦争」である。

一つの国家が自らの意志を貫徹しようとしたときに、その行動を容認できないと考える相手国は、その国の意志の強制を排除するためには、自国の軍隊を使う以外に選択の余地がない。それでも、その国が軍事力を行使してでも、自国の意志を強要してくれば、この事態がそのまま戦争につながる。その限りでは、「戦争」とはその国の意志を貫徹するために発生する社会的現象である。

戦争に敗れるというのは、もはやこれ以上の抵抗、戦争を継続しても勝利の望みがなくなった国が、戦争継続の意志を放棄する事態である。そのときには、敗戦国は戦勝国の意志を受け入れることになる。戦勝国は、敗戦国に対して自らの政策を受け入れさせ、ある場合には領土を割譲させたり、賠償を支払わせるなどの制裁措置をとる。また、再び敗戦国が報復戦争を開始しないよう、敗戦国の軍備を制限すること、さらに敗戦国の領土に自国軍隊の駐留を認めさせることもある。

敗戦国に戦勝国との友好政策を主張する政治勢力を育成し、かれらに敗戦国の政権を掌握させることも、戦勝国に与えられた権利である。その限りでは、近代戦争で敗戦はきわめて深刻な結果を招く。敗戦国の国民は、自ら好まないとしても、戦勝国の軍事占領下に置かれなくとも、自国の主権を著しく制限された状態に置かれることは免れない。

植民地からの独立戦争も同じである。長年、宗主国によって主権を奪われてきた植民地が、宗主国に対して武力で独立を達成すべく闘争を展開し、それに勝利すれば、宗主国は植民地に対して持っていたあらゆる権限を奪われる。植民地に住んでいた宗主国の国民は、極端な場合、独立戦争の敗北とともに敗戦国民としての扱いを受け、あらゆる権利（そのなかには個人財産をも含む）を奪われ、宗主国に無一物にされて送還されることになる。

「戦争」は戦闘の連続

こうした厳しい結果を伴うだけに、どの国もいったん「戦争」を開始すれば、その国力のすべてを挙げて勝利をめざす。もし、それだけの決意に欠ける政治家が「戦争」を始めようとするなら、それはきわめて危険な冒険であり、そうした無責任な政治家を追放するために、暴動あるいはクーデタなどあらゆる手段をとるべきである。国内政治体制の変革があっても、それは敗戦よりもまだましである。

それだけに、ひとたび戦争が開始されれば、どの国もあらゆる資源を挙げて戦争の勝利のために投入する覚悟を要求される。その負担に耐える自信がないなら、そのときは相手国の要求、主張を受け入れるほかはない。したがって、いったん始まった「戦争」に勝つために、一国の持つすべての資源、人的資源、工業力、外交能力、行政能力を「戦争」遂行という一点に絞って投入するから、戦争は必然的に長期化し、その被害は拡大する。

と同時に、いかなる国でも軍事力が弱い国であっても、徹底して交戦せざるをえないから、圧倒的に優勢な軍事力を投入した場合であっても、一度だけの戦闘で戦争の勝敗が決することはきわめて稀《まれ》な現象になる。第二次大戦でも、ドイツ軍の攻撃でポーランドはもちろん、次いでオランダ、ベルギー、ノルウェー、フランスと、西欧諸国は一撃の下に敗北し、降伏せざるをえなかったが、これはきわめて例外的な現象である。これらの諸国が一撃の下に降伏を余儀なくされた原因は、複雑な要因の重なりがあってのこと、これだけで大国の持つ圧倒的な戦力の前に、弱小国は抵抗できないと即断することは許されない。一般に、戦争は長期化するのが原則であり、これらの戦争初期に敗れた諸国も、その後の戦争の経過を見ればわかるように、全国民がドイツに屈伏したわけではなく、国内外での抗戦努力は消滅しなかった。

決戦の意味

といって、戦争の帰趨《きすう》を決定する重要な意味のある戦闘、つまり決戦がないわけではない。長期にわたる戦争の過程で、戦争の流れを決定する重要な戦闘が、必ずいくつかある。第二次大戦ならスターリングラード戦、あるいはマリアナ海戦の意義はけっして無視してはならない。こうした戦闘によって、一方の軍隊が蒙《こうむ》った打撃はきわめて大きく、それ以後敗れた軍隊はついに戦闘力を回復できないまま、敗戦に追い込まれてしまう。この意味では、戦争の流れを決定する性格の戦闘であり、これを決戦と呼びたい。

決戦を迎えたときに、その意義を見抜いて必要な戦力、また投入可能なすべての戦闘力を、その戦闘での勝利に集中することが戦争指導上、きわめて重要である。その判断は、軍隊を統率する最高司令部の責任であるというよりも、国家の指導に全責任を負う政治家の負うべきものなのである。スターリングラード戦で、ヒトラーは情勢判断を誤った。相手のスターリンは、スターリングラードの戦略的重要性を看破し、そこにソ連軍の主力を集結したが、ヒトラーはコーカサスに有力な兵力を分派し、主力をこの地点に集結して決戦することを考えなかった。

その結果は、よく知られているとおりである。

日本海軍も、マリアナ海戦が米国海軍との決戦になることを承知し、そのための準備を進めてきたが、艦隊の主力を集結した米国海軍に比較して、兵力の分散配置のそしりを免れることはできない。とくに海上航空兵力の集結は不徹底であり、決戦海面での優位の確保に失敗してしまった。

軍隊は国家の道具

軍隊は、国家の意志によって行動する武装集団である。戦闘に勝つことが軍隊の任務であり、それを目的に軍隊は日常訓練を重ねている。その軍隊は、平時にあっても、政府の指示を忠実に実行する責任がある。自衛隊が災害救助活動に出動するのも、政府の指示による行動の一部である。この意味では、軍隊は政府の意志を実行するための道具といってよい。

軍隊を統轄し、軍隊を行動させる権限を持つものは、政府首脳だけである。軍隊の指揮官は、政府の命令を正確に実行する責任があり、系統を追って伝えられた政府の、命令に違反した行動をとることは、まず軍隊の基本である軍規を無視することであり、同時に軍隊の負うべき責任を否定するものとして、厳しく糾弾されなければならない。戦前の日本陸海軍では、軍隊の統帥《とうすい》権が政府の首脳すなわち総理大臣になく、天皇にあったために、軍隊が国政と対立する関係が発生した。二・二六事件に見られるように、一部の将校が国政の責任者を否定し、反乱を起こしたのに対し、高級将校たちが積極的に鎮圧する態度を見せようとしなかったが、これは軍隊内部の規律を決定的に崩壊させ、第二次大戦の敗北につながる重大な欠陥を意味した。

この欠陥を是正する努力がないまま、日本はついに「戦争」を開始し、徹底的な敗戦を経験した。また、こうした近代的な軍事と政治との関係を否定した日本陸海軍は、敗戦とともに完全に解体され、姿を消したのである。

戦後の日本がとっている基本路線は、「平和国家」とも「軍事小国」路線とも呼びうるものだが、軍事力を自らの国土の防衛に必要な最小限度に制限するという路線である。戦前の日本が、基本的な国防政策を「アジア大陸での強国」としての地位を守ることに置いていたのと、好対照である。これは同じ敗戦国といっても、西ドイツの場合とは大きく異なっている。その理由については、別の著書（『世界が日本を見倣う日』東洋経済新報社刊）に譲るが、日本は徹底して第二次大戦の教訓を学んだ少数の国といっても間違いない。

いまの自衛隊は、戦前の陸海軍と違って完全に政府の支配下にある。政府の指示なしには、自衛隊は何の行動をもとりえない。

軍事小国路線

「軍国主義」という言葉がある。第二次大戦で、米国、英国など連合国は日本、ドイツを「軍国主義」国家と激しく非難した。第一次大戦当時、ドイツを連合国側は同じく「軍国主義」国家として非難し続け、敗戦国ドイツに「軍国主義」の否定を強く要求した。その当時、ドイツ陸軍を再建した責任者フォン・ゼークトは「軍国主義」というスローガンには何の実態もないと主張し、ドイツに一方的な軍備の縮小を強要している連合国が、国防力の強化を目指して着々と手を打っていると反論したが、日本にもこの非難につながるような空虚な言論が、いまでも横行している。

日本の場合、最も重要なポイントは「軍事小国路線」を堅持することである。この路線は、人類初めての壮大な実験を意味し、それを継続できるかどうかは、まず日本をめぐる国際環境によるという点を見落としてはならない。日本に直接的な軍事的脅威が迫ってくる情勢になれば、「平和国家」であろうとする日本国民の主観的な願望など、一瞬のうちに消し飛んでしまう。こうした事態を避けるための努力、すなわち外交政策を必要とするのはいうまでもないが、世界は日本人の好むとおりに動くものではない。日本の希望するとおりに国際情勢が展開するなどという発想は、それ自体、戦前と同じく日本人に唯我独尊の考えを鼓吹することにつながりかねない。日本は、軍事力を行使してでも自国の主張を貫こうとする考え方を、戦後全面的に放棄したのであり、それは日本が国際情勢に対して働きかける手段を、最も効果的な手段である軍事力以外のものに自ら制限することを意味している。

「平和国家」は維持できるか

ということは、日本は国際情勢を自国に有利な形で展開させようとするのではなく、自国の影響力の及ばないところで発生した事態の変化に追随する姿勢をとるのが、日本の対外姿勢の基本になることでもある。日本は、その意味では受け身に徹する姿勢をとるということも、「軍事小国路線」の裏側になければならない発想である。

日本が戦争の被害から回復しつつあった一九六〇年代までは、日本は経済小国であり、この時代には日本がこうした消極的な対外姿勢をとることは、第二次大戦で日本の侵略を受け、日本に対する警戒感が強かったアジア諸国、日本と戦った米国、英国を含めて、世界中からむしろ歓迎された。米国の占領下にあった七年間、日本はかつてアジア大陸に保有していたすべての影響力を強制的に放棄させられたが、その期間にアジア大陸では中国革命が成功し、その影響下に政治情勢の激変が生じた。この情勢の激動にも、日本はいっさい影響力を行使しなかった。むしろ、この期間に日本は「アジア離れ」を推進したといってよい。

この建前と本音とが一致していた幸福な時代は、一九七〇年代に入るとともに終わった。石油ショックと同時に発生した世界経済の混乱期に、日本は戦後改革の成果を生かして、世界で類を見ない安定した経済発展を実現したからである。日本の経済力は、世界有数のものになるとともに、日本の存在が世界で重く感じられるようになって、日本のとってきた「軍事小国路線」が世界の常識に反した「実験」である事実が、世界のなかで明らかになった。この時点から、日本は厳しいジレンマに直面することになる。世界の常識、つまり「経済大国イコール軍事大国」という考え方を日本人が受け入れないことに、世界の人々が強くいらだち始めたからである。このいらだちを最も強く表明したのは、軍事費の負担を最も重く感じた米国人であるのはいうまでもない。

こうして日米間には、「経済摩擦」と同時に「防衛摩擦」が急速に登場することになった。米国に限らず、欧州の自由諸国も日本に対して、厳しい目を向けている。どの国も、深刻な経済危機を克服するためには、なにより非生産的な支出である軍事費の負担を軽減したいと考えている。自由世界に強い脅威を与えているソ連の軍事力は、欧州正面だけでなく、アジアにも展開している。アジアでの軍事力のバランスがソ連に不利になるなら、ソ連は欧州正面から兵力をアジアに移送する。この事態は欧州諸国にとっては軍事的な安全感を増すことを意味する。欧州諸国にとっては、日本が軍事力を強化してソ連を牽制《けんせい》することが有利なのである。

こういう国際世論の変化に対して、日本がどう対応すべきか、これは日本政府にとって容易に解決できない困難な課題を意味している。軍事力の強化に必要な財源を持つ世界第二位の経済大国としてこれまでどおり「軍事小国」としての立場を変えないとすれば、その理由を正確にかつ理解できる形で説明しなければならない。これが、世界の大国として当然とるべき態度である。また責任ある政治家に求められる態度である。こうした問題に対して、合理的な説明ができない政治家が政権の座にあることなど絶対に許されるべきでないというのが、世界の世論である。

そこには、日本国内の世論と世界のそれとの間に、驚くほどのズレがある。この事実を認めるなら、日本政府首脳に対する国際的な評価が、これまでの一〇年間きわめて低かったことが、正確に理解できる。とくに、鈴木善幸前首相はこうした説明の能力を欠く政治家として、最低の評価しか受けられなかった。中曽根首相になって、日本政府首脳として初めてこの問題に対する合理的な説明を行ったところに、かれに対する世界の高い評価が生まれた背景がある。それだけ、国防政策、防衛政策に対して政治家の負うべき責任は重いのである。

安倍政権の安全保障への評価

安倍政権における軍事面における評価をするならば、やはりその方向性は正しいと考えて間違いない。一番大きいのは集団安保を整備したことがあげられる。これは、先般の伊勢志摩サミットを分析すればよくわかる。G7がもう少し進行すると、今度はG7がNATOへと進化する枠組みになるだろうと予感させる出来事があったからだ。

今度のサミットは従来のサミットと大きく違う点があった。いままでなかった一〇カ所の大臣会合があった。これでG7はある意味、行政機関でもあるという地位を確立した。

さらにもう一つつけ加えていうならば、国防省の国防大臣の会合を開催できたら、G7は今度NATOと合体できる。NATOに加盟していないサミット参加国というのは日本しかない。

いい換えれば日本が集団安保体制を整備するということは、具体的にＮＡＴＯに加盟している他の六カ国と同じ政治体制を整備したということになるのである。

ここで一つ重要なことは、左翼陣営のいう「集団安保体制の整備は戦争を生む」論の間違いは、国家体制を戦前のそのまま丸写しで考えていることだ。戦前と戦後の一番大きな違いは自由である。発言の自由、生活の自由、選択の自由、これを国民が掌握した。明治憲法とそこが重大な違いである。つまり、国民の意思を無視した政治ができなくなった。

だから安保体制法案を導入しても、その後の選挙は安倍の勝利に終わった。もし反発があるなら、安倍がその後の選挙で負けるだけである。けれども負けない。選挙のたびの勝利がそれを証明していると考えてよい。

国家を動かすのは政治

戦後日本の政治は、世界でも最も成功したものの一つといってよい。政治の重さを国民に強く意識させない、つまり政治とはその国の国民にとって空気のようなものである以上、政治のあり方が国民の期待を満足させているかぎり、国民は政治をたえず意識しないで生活できる状態にある。政治の動きに国民がいやでも強い関心を示さざるをえないのは、政治のあり方が国民の期待に背いている場合であり、その責任は政治を動かす政治家が負わなければならない。

日本の国民は、戦後の一時期を除いて、政治に対する強い関心を示さない。それは、政治の失敗ではない。逆に政治の成功を意味する。内閣が誰の手にあっても、経済はなんの影響をも受けず、順調に動いており、国民生活にも支障がないからこそ、国民は政治の動きに強い関心を示さなくてもすむのである。ソ連のように、政権が誰の手にあるかによって、国民生活のすべてに変化が生ずる国では、情報が自由に入手できなくとも、国民は固唾《かたず》を呑んでクレムリンの空をにらむ。米国でも、大統領選挙の帰趨に全国が湧《わ》き立つのは、誰が政権を握るかが国民の一人一人に大きく影響するためである。

日本では、誰が自民党総裁になるか、つまり首相になるかは、政治家の間でこそ死活にかかわる重大問題だが、国民にとっては直接自分たちの生活に関係のない、単なる新聞種にすぎない。誰が首相になっても、行政のあり方、経済活動の進め方に大きく影響しないと思われているからである。それだけ、日本の政治は安定している。その安定のうえに、日本国民は経済活動に全力を投入できるのであり、政権の交代によって、生活に大きい変動が発生するなら、日本国民はたちまち政治に強い関心を示し、その動きに積極的に発言しようとするに違いない。

国家の意志を貫徹するために、軍事力を行使する「戦争」の場合には、まさしくすべての責任が国政を担当する政治家にかかってくる。戦争の遂行によって生ずる重い負担に耐えるためには、国民に戦争目的の正しさを説明するとともに、戦争の進展について政治家が自ら国民に実態を明らかにする姿勢が、いやでも強く求められる。戦争中、日本のような秘密主義の国でさえ、当時の首相たちがラジオを通じて国民に呼びかけることが多かったのは、このためである。いまの首相は、国会の討論を通じて所信を明らかにすることはあっても、テレビを通じて国民に直接話しかけることはほとんどない。これは、政治家の姿勢というよりも、そうした呼びかけが必要でないと考えられるためなのである。

防衛政策についても、首相が直接国民に政策の内容を明らかにするまでもない。日本のとっている「軍事小国路線」が変更されないかぎり、日本人は徴兵制の施行といった事態を恐れる必要はない。また幸いにも、日本をめぐる国際環境は二一世紀まで「軍事小国路線」の変更を必要とする方向に推移しそうにない。それなら、わざわざ首相が防衛政策について国民に直接説明する必要があるとは考えられない。

これが米国の場合なら、事情は大いに異なる。米国人にとって、軍事政策は生活に強く影響する重大問題である。ベトナム戦争当時、米国は選抜徴兵制だった。またレーガン政権になってから、選抜徴兵制の再導入が軍事力の再建のために不可欠という議論が高まり、徴兵適齢の青年に対して登録を義務づける法律が成立した。英国の場合でも、一九八二年のフォークランド島紛争は、たちまち英国外務省の失敗として国民の非難を招いた。アルゼンチン政府の軍事占領を予測し、それに対応して軍事力を増強したなら、この紛争そのものの発生を防げたと考えられるからである。それは、英国民を多数戦死させず、英国の軍事費負担を軽減したに違いないからでもある。この意味では、日本国民は世界で最も幸運な人たちといえるだろう。それは、日本の政治がうまく運営されているためである。この説明は、けっして逆説ではない。

強い軍隊は戦争に勝てるか

一般に強い軍隊を持たなければ、戦争に勝てないと考えられている。歴史を分析すれば、この常識は大きい誤りであることがわかる。強い軍隊を持っていても、戦争に勝てるという保証にならない。かつて一九世紀初頭、欧州最強の軍隊を保有していたナポレオンのフランス帝国は、ついに敗北した。第一次大戦でも、当時最強の軍隊を持っていたドイツ帝国は、戦争に負けた。第二次大戦でも、最強の陸軍を建設したナチ・ドイツは、全面降伏を強いられた。

どうして強い軍隊を持っていても、戦争に勝てないか。その理由は、軍隊を動かす責任を持つ政治家の能力にある。「国家の道具」である軍隊を動かすのは、国家を動かす政治家である。かれが軍隊をどのように動かすかによって、また軍隊をどのように発展させるかによって戦争の勝敗が決定される。

この問題を解決する責任は、軍隊の指揮官にはない。軍隊の指揮官たちは階級の上下を問わず、与えられた規模の兵力、武器を使って戦闘に勝つために最善の努力を払うが、戦闘に勝利すること以上の任務を達成することはできない。それは、国家全体の行動に属するからである。たとえば、いくら軍隊の指揮官が兵力の不足を感じたとしても、かれが政府の承認を得ずに、勝手に戦場の近くの地域から兵員を徴集することは許されない。軍隊の必要とする物資についても、軍隊の指揮官が自分だけの考えで、無償でまたは不当に安い価格で取りあげること、すなわち「掠奪」あるいは「徴発」することは、たとえ占領地であっても、厳しく制限される。

武力を行使する軍隊は、何でも勝手放題の行動がとれるわけではない。戦闘に勝ったあとの軍隊は、もちろん激しく疲労している。その疲労を回復するために、軍隊はとかく必要な物資、宿舎を占領地で勝手に取りあげ、戦場に残っている住民、とくに女性に暴行を加えるなど、いわば「動物としての本性」をむきだしにした行動に出ようとする。これを放任しておけば、軍隊はたちまち「武装した暴徒の集団」になって、占領地の住民が反抗するだけでなく、軍隊そのものの規律が崩壊して、戦闘力を失ってしまう。その結果たとえ戦争には勝っても、政治的に大きいマイナスが残るのは避けられない。第二次大戦で、多くの犠牲を払ってドイツを負かしたソ連が、いまでも欧州に残したマイナス・イメージは、戦闘直後にソ連兵士がいたるところで行った掠奪暴行の結果である。

こうした事態を避けるためには、政治家が強力に軍隊の行動に干渉して、軍隊の規律を守らせるよう指揮官に厳しい命令を出すだけでなく、その命令が守られているかどうか、厳重に監視しなければならない。命令の厳守ぶりを監視する最も有効な手段は、軍隊内部の機構を利用することよりも、個々の兵員に十分の政治教育を与えると同時に、政治組織を通じてのチェックである。

政治家の責任は、軍隊を建設し、維持するだけでなく、軍隊を政治的目的の達成に向かって正確に行動させることにある。そのためには、国政を担当する政治家は軍隊の行動について、基本になる計画の作成に自ら関与しなければならない。第二次大戦は、ドイツ、日本、イタリアの三国同盟と米国、英国、ソ連の連合国との間で闘われた戦争だが、三国同盟側が首脳の間での戦略の調整をまったく行わなかったのに対し、連合国側は大西洋会談（一九四一年）、カサブランカ会談（一九四三年）、テヘラン会談（一九四三年）、ヤルタ会談（一九四五年）、ポツダム会談（一九四五年）と参戦国首脳の会談を繰り返した。この首脳会談のたびごとに、連合国のとるべき戦略が決定され、これに従って連合国軍は戦闘したのである。

こうした政治家による戦争指導が正確に実行されたからこそ、連合国はドイツよりも戦闘力において劣る軍隊しかなかったが、それでも戦争に勝つことができた。政治家は、戦争に勝つための努力を指導する責任を果たしたのである。

政治家の責任と軍隊

政治家の指示に従って行動する軍隊は、高級指揮官が国家の決定した戦略を忠実に実行する。政府が決定した戦略目標を達成するために、高級指揮官たちは与えられた軍隊を、最も効果的に使って任務の達成に努力する。政治家は、軍事情勢を検討して、敵味方の戦力を計算、達成可能な目標を設定するが、そのさいに必要となるデータの作成に高級指揮官の専門知識が利用される。戦略目標を達成するのに必要な戦力の供給に、政治家は責任を負う。軍需産業に対して、必要な武器を発注し、海運業など輸送を担当する業者に対しても、輸送命令を出す。戦線にある軍隊には、必要な戦闘準備を整えるための命令が出され、これに従って軍隊は戦闘準備を整える。

こうした準備はすべて、政治家の指示に従って進められる。軍隊は、戦争を遂行するための一つの手段である。軍隊以外の組織、たとえば軍需企業は政府の発注を正確に実行する任務を与えられる。報道機関には、国民の士気を高めるための情報操作が要求され、農業には、国民と軍隊とに可能なかぎり大量の食糧を供給する努力が命じられる。なにより重要なことは、国民全体に戦争を勝利に導けるとの確信を与え、かれらの努力が必ず報いられるとの期待を持たせる政治を、戦争中であっても着実に進めることである。これは、軍人には及びもつかない、政治家にしかできない仕事なのである。

軍隊の限界

軍隊には、戦争を遂行するのに欠かせない武力闘争を担当する義務が課せられているが、軍隊は同時にかれらだけで戦争を遂行することなど考えられない。軍隊はあくまでも政治家の使う道具なのである。軍隊は、政治家の指示のままに従順に動く道具となるように訓練されている。その軍隊が、政治を動かそうとすることは、そのまま国家にとってはもちろん軍隊にとっても文字どおり「自殺行為」なのである。そのことを正確に理解していなかった日本陸軍、海軍は、第二次大戦で敗北してから徹底して解体されてしまった。それに比べて、ヒトラーという政治家に服従することを知っていたドイツ陸軍、海軍、空軍は第二次大戦の敗北にもかかわらず、そのまま再建することが許されている。

戦後日本でも自衛隊という形での軍備の再建が、講和条約成立とともに重要な政治問題になった。そのとき、日本の政治家、たとえば当時政権を握っていた吉田首相も、占領軍最高指揮官だったマッカーサー元帥も、日本陸軍の中核だった将官クラスの人物はもちろん、参謀本部で戦争指導を担当した高級将校たちを誰一人として、警察予備隊として再建過程にあった日本の武装兵力の指導的地位に採用しようとしなかった。こうした高級将校たちは服部卓四郎大佐を中心とする「服部機関」などに結集していたが、かれらを日本の新しい防衛体制の中核に据えようとする意見は、ついに吉田首相、米軍当局に受け入れられなかった。

これに対し、日本よりも厳しい条件下に置かれていた西ドイツでは、同じく文民政治家のアデナウア首相の下に、本格的な再軍備が開始されたとき、一九五一年一月アデナウア首相の委嘱によってドイツ労働総同盟建設労働組合中央委員テオドール・ブランクが設立した「ブランク機関」は、戦争中にロンメル元帥の参謀長を務めたハンス・シュパイデル中将と、同じく西部方面軍最高司令官だったルントシュテット元帥の参謀長だったアドルフ・ホイジンガー中将を最高顧問に採用した。この二人の将軍が、その後軍の再建が実現するとともに、正式に西ドイツ国防軍（ブンデスベーア）の大将に昇進しただけでなく、間もなくＮＡＴＯ軍の高級指揮官に任命された事実は、敗戦前と今日のドイツ陸軍との間に伝統が継承されたことを端的に物語っている。

これに対して、戦争中将官として勤務した日本の陸軍、海軍将校は誰一人として自衛隊に採用されていない。戦争中大佐だった将校は、厳重な審査を経て自衛隊に採用されたが、かれらはあくまでも部隊指揮官の地位に止められ、再建直後の軍隊でドイツでのような最高指揮官の地位にはつけなかった。と同時に、軍隊の訓練をはじめ、あらゆる面で戦前の伝統がいっさい否定されたのも、戦前の日本陸軍が冒した大きい誤り、すなわち軍人が政治を支配するという考え方が、国内外から強い反発を招いたためなのである。

もともと欧州には、軍人はあくまでも「職業」という考え方がある。戦後でさえ、東ドイツ軍は、かなりの数にのぼるナチ・ドイツ軍に勤務した将校（そのなかには中将も含まれる）を採用した。戦前、ソ連軍は帝政時代の将校を大量に採用し、そのなかにはスターリンの信認厚かった参謀総長、シャーポシュニコフ元帥（一九四五年没）がいる。かれは帝政時代の参謀大佐であり、革命後はついに粛清にもあわず、天寿を全うしている。軍人は、やはり自らの職業にはっきりした限界があると自ら悟っていなければならない。

軍人の限界は、そのまま軍隊の限界でもある。軍隊が国家権力の柱であるとはいえ、軍隊が国家にとって代わることは許されない。もし、そうした事態が発生したとすれば、そのときは軍隊が主人である国家を食いつくしたことを意味し、国のあらゆる資源が国民の幸福のためではなく、軍隊のために注入される事態である。経済も行政も司法も、政府の持つあらゆる機能が、軍隊の維持のためだけに注入されることになれば、それこそその国は滅亡せざるをえない。

人は、敵の武器から身を守るためにこそ、鎧《よろい》を身につけるのだが、あまりに重い鎧をつくってしまえば、今度は体力の限界を越える鎧の重さに耐えられなくなってかえって敵にやられてしまう。

このたとえ話は、けっして架空のものではない。戦前の日本はまさしくその典型であったといえる。世界一の性能を誇る「零式戦闘機」を生産しても、試験飛行するために工場から飛行場へ輸送する手段が、昔ながらの牛車であったという事実ほど、当時の日本の置かれていた矛盾を明らかにしたものはない。あらゆる資源を軍備に注ぎ込もうとすること、それが結局軍備を支える基盤すら食いつくすのである。同じことが、米ソ両大国にもいえる。かれらが、国力を挙げて軍備の拡張に狂奔すればするほど、経済は弱体化する。軍事技術、新兵器の開発に憂き身をやつせばそれだけ、兵器の性能、品質が低下する。この動きは、政治家、軍人の意図とは関係のないメカニカルなものである（前掲『世界が日本を見倣う日』を参照のこと）。

軍隊は、国家権力を支える柱であり、ときに国家を動かす政治家の道具にすぎない。軍隊は、国家機構の一部であってすべてではない。戦争のように、軍隊を強化するために国力のすべてが必要とされる時期でさえ、この法則に変わりはない。軍隊は、明らかに一定の限界のなかに置かれている。その限界を決定するのは、軍隊自らではない。軍隊を動かす主人、すなわち国家、国家を動かす役割を担っている政治家の役割なのである。

第三節　軍隊を強くするには

軍隊は二種類の人間からなる

軍隊は、二種類の人間からなっている。すなわち指揮する人間、指揮官と指揮される人間、つまり兵員との二種類である。いかなる軍隊であっても、たとえば軍隊内の階級制を廃止していた中国人民解放軍であっても、指揮員（将校）と戦闘員（兵員）との区別ははっきりしていた。両者の間では、軍服が違い、外見からもはっきりした区別がある。

徴兵制をとっている軍隊では、兵員は毎年徴集される。かれらは兵役年限が終わるとともに軍隊を去る非職業的な、つまり一時的に軍人になる青年であり、かれらを教育し、訓練する指揮官（将校、下士官）は職業として長年勤務する職業軍人である。志願兵制の場合には、兵員も指揮官も職業として軍人生活を送っているから、生活様式の差からくる違いはないが、両者の間には給料、待遇の面で画然とした違いがある。

指揮官となるのは、一般に「将校」といわれる。かれらは、職業として軍隊を指揮し、教育するのが役目である。どの国の軍隊でもそうだが、「将校」は士官学校などの軍事専門学校で教育を受け、原則として一生を軍隊で過ごす。かれらは、軍隊を指揮するだけでなく、軍隊を教育する。将校は、いつの場合でも指揮官と同時に教官の役割を演じなければならない。

兵員は、将校の指揮、命令に服従し、命令どおりの行動を要求される。戦場で命令を待たずに行動する場合もないではないが、これはあくまでも例外であって、この場合でも兵員はかれの属する将校に独断で行動した理由を報告して、その承認を得なければならない。兵員に命令を与える将校がその場にいない場合で、緊急止むをえず、たとえば武器を奪われる恐れがある場合、自らの身を守るために発砲し、対峙《たいじ》していた民衆に死傷者が出たとすれば、その責任は誰が負うかという問題が発生する。どの国の軍隊でもそうだが、その場合、現場に居あわせた最高級の兵員が責任者である。同じ階級の兵員ばかりであったとすれば、最も早くその階級に昇進した兵員が高級者である。

軍隊は原則として部隊、つまり何人かで行動する。たった一人で行動することはない。平時、休暇をとっている間は、軍人は民間人と変わらないから単独で行動するが、いったん武装して行動する場合は、絶対に単独で行動させないのが原則である。戦場でも、一人で行動している兵員は、原則として逃亡兵とみなされる。負傷していても、その負傷が戦闘によるものであることを証明する書類、一人で病院に向かって移動することを許可した軍医、あるいは所属部隊の将校が発行した書類を持っていないなら、逃亡兵として扱われる。つまり、軍隊とはいつの場合でも、はっきりした命令系統の支配下に置かれている人間集団なのである。この命令系統を握っているのが指揮官である。

指揮官の役割

軍隊は、いかなる場合においても命令に服従して行動しなければならない人間集団であるから、この命令を発する指揮官の役割は、軍隊にとっては決定的に重要である。指揮官がどう命令を発するかは、まず軍隊を管理する政府の指示によって決定される。政府が命令しないかぎり、軍隊は兵営から出動することはありえない。たとえば、一九六〇年の安保騒動のときに、自衛隊はついに出動しなかったが、それは当時の岸内閣が出動命令を出さなかったからである。戦前なら、こうした騒乱状態であれば、軍隊指揮官の独自の判断で出動したかもしれないが、戦後の日本では政府の命令がないまま軍隊が独自で行動することはありえない。

政府の命令で出動した軍隊は、政府の命令どおり正確な行動を要求される。原則的な形をとった命令、たとえば「騒乱を鎮圧せよ」という命令があった場合、どういう手段をとって命令を実行するかは、軍隊指揮官の判断に委ねられる。たとえば、銃を使ってでも「騒乱を鎮圧する」か、それとも「銃を使うぞ」と威圧するだけに止めるか、その情勢判断はあげて現地指揮官の責任である。使用する武器の種類も、政府の命令で決定されることが少なくない。事実上の戦闘が続いている北アイルランドに出動していた英軍は、英国政府の命令に従って行動しているが、使用する武器は装甲車、小銃などに限定され、大砲、ミサイルは持っていない。

政府は命令を出すまでに、現地の情勢に詳しい将校の報告、どういう手段が目的を達成するうえで最も有効かの勧告を十分検討するが、軍事的専門的な意見よりも、政治的判断が優先される場合も多い。戒厳令を公布して、その地域の治安回復を軍隊に委任する必要が勧告されても、政府が政治的判断を優先して、戒厳令の公布を拒否することも多い。一九二〇年代のアイルランド紛争でも、当時の英国政府は現地軍指揮官の勧告を拒否して、戒厳令を公布しなかった。

戒厳令が公布された場合とそうでない場合とでは、軍隊の行動様式はまったく異なる。戒厳令が公布されているときには、軍隊は必要な場合武器を使用できる。しかも、「必要な場合」の判断は、現地で行動中の指揮官に委任されており、判断の基準はきわめて広範、かつ緩やかである。小部隊を指揮している若い少尉が、夜間行動中に怪しい人影を見かけ、「誰か」と呼びかけたとしよう。その人影がそのまま動こうとせず、こちらの呼びかけに答えて両手を挙げ、抵抗の気配を見せなかったとしても、少尉が別の人物の気配を感じて発砲を命じた場合、その少尉の命令は「正当」とみなされる。

厳戒令が公布されていない場合、同じ命令が下されたとすれば、少尉は過剰防衛の疑いで軍法会議にかけられるだろう。名著『軍隊と革命の技術』を書いた英国のコーリー女史は、一九二〇年代のアイルランド紛争で、英国政府が厳戒令公布をしぶったため、現地で行動中の英軍は平時状態に置かれたままであり、日曜日に教会の礼拝に出かける連隊長は誰一人護衛を連れずに武装もせずに外出し、アイルランド義勇軍に次々に射殺されたという例を紹介している。これなど政府の政治的判断ないし願望が、現地の情勢に適合しなかったために、軍隊に重い負担をかけた典型的な実例である。

それはともかく、軍隊の指揮官はいかなる犠牲を伴うとしても、政府の命令に服従しなければならない。と同時に、政府の命令に基づき行動中の軍隊は、逆にどういう世論の反発を買っても、政府の命令どおり行動しなければならない。

指揮官は個人的な感情、判断を無視してでも命令どおりの行動が要求される。部下の兵員に対しても、同じことを要求しなければならない。そこには、個人的感情、判断の入り込む余地はまったくない。軍事行動というものが非情なものである以上、止むをえない。現実に、政府の命令どおり行動中の軍隊、それに属する指揮官が個人的な感情では耐えられないような、不幸な事態に直面することはけっして少なくない。モンサラット著『怒りの海』は、第二次大戦中の対潜作戦部隊の経験を書いたものだが、そのなかに撃沈された商船の乗組員が漂流している海面の下に、ドイツ潜水艦の反響音を認めた艦長が、遠慮なく爆雷の投下を命令する場面がある。もちろん、海上を漂流中の乗組員は爆雷の衝撃で全員死ぬ。味方を救助するよりも、敵の潜水艦を撃沈するほうを優先する艦長の決断が正しいとするのが、軍隊の論理である。そこには、人間らしさのかけらもないと非難するのはやさしい。こうした厳しい心理的な負担に耐え抜く強靱《きょうじん》な神経が、指揮官に要求される。

こうした場合に発生する責任を一身に引き受け、部下にいっさいその負担を感じさせないのも、指揮官の欠かせない役割なのである。

指揮官のもう一つの役割は、軍隊の教育である。指揮官は自分の指揮下にある部隊を政府の定めた法規、武器、訓練方式に従って、教育しなければならない。武器は、技術革新とともに驚くほどのスピードで進歩している。日進月歩といわれる以上の変化が続いている武器の使い方を、部下の兵員たちに教えること、それは容易な仕事ではない。武器の使用法は、製造したメーカーが提供する仕様書、マニュアルに示されているものの、それを正確に読み、その指示どおりに操作できるには、技術者でもない教育程度の低い兵員をかなり長い時間をかけて、訓練しなければならない。

どんな武器でもそうだが、新しい種類の武器には使用して初めてわかる欠陥がある。新しい武器を使った場合に発生する故障が、不慣れな兵員の操作ミスによるものか、それとも武器そのものの欠陥によって生じたものかを判断するのも、操作を教育する指揮官の責任である。この判別ができるかどうかは、まさしく指揮官の能力である。それには、単に武器の操作法を知っているだけでなく武器の原理に至るまで理解できるだけの科学知識が必要である。最新の技術を盛り込んで製造される武器なら、技術面の知識水準が高い指揮官でなければ、こうした責任を果たすことはできない。

また指揮官は、政府の命令どおり行動することが求められているが、その政府の命令が必ずしも明確な表現で示されるとは限らない。いわゆる眼光紙背《しはい》に徹して、政府が本当に求めている目標が何であるかを正確に読みとる能力、それはそのときどきの国内外の政治情勢についての正確かつ豊富な情報とそれに基づく判断力を欠くことはできない。どの国でもそうだが、軍人は政治にかかわらない職業である。といって、政治の流れに無関心な指揮官では与えられた任務を完全に遂行できない。戦後、伝えられたところでは、戦前の日本海軍を動かしていた有能な提督の一人、山本五十六《いそろく》元帥は「政治にかかわらずというのは、政治を知るなということではない」と部下を教えたといわれるが、これはとくにかれが優秀だったからではない。どの国の軍人にとっても、少なくとも高級将校なら常識になっていることを述べたにすぎない。

国際的に通用する能力を備えた軍人なら誰でもわかっているこんな常識すら、改めて教えられなければならなかった海軍士官が、日本海軍の中枢にいたとすれば、それは日本海軍の士官たちの能力が国際的に見てあまりに低かったことを物語るだけである。指揮官として優秀な能力を持つ軍人なら誰でも、国内政治はもちろん、国際情勢についても突っ込んだ情報と知識を持つのが、当然なのである。それには、自国はもちろん世界の主要国について、政治、経済、歴史を勉強しなければならない。指揮官は、こうした多方面にわたる勉強の連続で一生を終える職業なのである。

将校の選抜

こうした優秀な能力を持つ人材は、どの国でも人口の多数を占めているわけではない。人口の一%か二%しかいない有能な人材を、軍隊の指揮官として選抜すると同時に、かれらに徹底した教育を与え、潜在している能力を開花させるのは、容易な仕事ではない。しかも重要なことは、こうした有能な人材を政府に忠実な政治的な立場に引きつけておかなければならない。指揮官が、そのときの政府に反対する行動に立ちあがれば、いかなる政府といえども、指揮官の反乱に対抗する手段はないからである。

第一次大戦の末期、ドイツ参謀本部で戦争指導にあたっていた参謀次長のルーデンドルフが辞任したあと、その後任になったウィルヘルム・グレーナーは、敗戦の責任をドイツ皇帝ウィルヘルム二世に求め、有名な言葉を述べる。「軍旗の誓いは、もはや空想にすぎません」。かれの言葉を聞いたウィルヘルム二世は、頼みとする軍隊に見放されたことを覚って、オランダに亡命した。連合国に対して休戦を提案しようとしていたドイツ政府は、最大の障害となっていたドイツ皇帝の亡命で、手を縛っていた制約から解放され、第一次大戦を終わらせることができた。同時に、ドイツ帝国は崩壊したものの、統一国家としてのドイツを保全することができ、ドイツは戦争に敗れたものの、再建に踏み切る手掛りをつかめた。こうした事態が、国力の限りを尽くした大戦争に敗れた場合に発生した例外というわけにはいかない。指揮官たちに背かれた政府は、絶対に存続できないだけに、将校の選抜にあたっては、政府に忠誠な人物に限定する努力を欠くことはできない。

どの国においても、将校となるべき青年を採用する基準を慎重に規定しているのは、このためである。米国では、大統領、副大統領、上下両院議員の指名を受けなければ、陸海空三軍の士官学校に入学できない。ソ連では、青年共産同盟（コムソモール）に参加しており、共産党員の推薦を受けない青年は、士官学校の入学試験を受けることはできない。ドイツでは、将校になるべき士官候補生を採用する権限は、伝統的に連隊長に属しているが、かれは自らの後継者として最も適わしい青年を、出身、能力を基準にして採用しようとする。フランスあるいは日本では、国防省が実施する全国にわたる統一的な入学試験に合格すれば士官学校に入学できるが、その代わり卒業する時点で将校になりたくない青年は、任官を辞退できる。

中国では、文化大革命とともに将校の養成制度を改め、一兵員として入隊した青年が、下士官に、次いで順を追って将校に昇進することにして、かつてのように士官学校（軍官学校）による将校養成を廃止した。その結果は、将校の質、とくに一般教養に大きい欠陥が発生し、たとえば砲兵将校でありながら、微分積分すら理解していない者があるという状況となった。前節でも述べたように、近代軍隊では高度の技術を理解した将校（幹部）と兵員を必要とするが、それには基礎学力の高い青年を軍隊に集めなければならない。中国人民解放軍では、近代化への努力を否定して、その代わりに政治化する路線を選択したといってよい。毛沢東の死後、「文化大革命」が否定されるとともに、こうした将校養成制度は廃止され、高校（中国でいう高等中学）を卒業した青年を学力テストによって選抜し、士官学校（軍事学校）で四年の教育を授けてから将校に任官させる、日本あるいは米国と同様の制度に改められている。

このように、将校となるべき青年をどのように選抜するかは、その国の政治体制、あるいは政治路線によって決定される。どの国の軍隊にも共通しているのは、政府あるいは政権に忠誠を誓う青年しか将校に採用しない点である。

将校の教育

将校の教育制度は、軍隊の質を左右するだけに、どの国も大きい努力を払っている。共通しているのは、軍隊内の学校で教育を行うことであり、同時に段階を追って教育する制度ができている点である。どの軍隊にも共通しているが、まず将校を養成する士官学校、次いで各兵科ごとに専門科目を教育する兵科学校、その上級には総合的に高級な軍事学を教える軍大学という構造になっている。

士官学校の教育は、将校としての軍事的基礎知識と下級将校として勤務するのに必要欠くべからざる技術、兵員を指揮するのに必要な技能を教育する。と同時に、体力を強化するための体育、スポーツ、戦闘にあたって必要な号令のかけ方、部隊行動を実施するための規則、最低戦闘単位の戦闘行動についての知識、それを練習するための訓練なども教育される。

士官学校を卒業して、将校に任官、部隊に配属されたあと青年将校は実地に部隊を指揮しながら、上官の行動を見習い、さらに教育を受ける。数年、部隊に勤務している間に、上官はかれの行動、指揮ぶり、さらに自己研修への努力などを評価し、能力がありかつやる気があると判断された将校は、次いで各兵科の専門学校に派遣される。

各兵科の専門学校の目的は、より高度の技術を教育することにある。たとえば、砲兵の場合、士官学校の教育では大砲の操作つまり大砲を射撃できるようにし、砲弾を装塡《そうてん》、目標を正確に照準（狙《ねら》いをつけ）、発射、次の砲弾を装塡するという操作を、どのような号令で行うか、号令に応じてどういう動作をすべきかが教育される。つまり、戦闘に必要不可欠な動作と号令、それによって兵員をどう教育するかが、士官学校の教課である。砲兵の専門学校では、もう一段高度の教育、すなわち大砲の射撃をどのように組織するのか、つまり何門かの大砲でどういう射撃を行えば、最も有効な結果を生み出せるかが、主な内容になる。さらに、大砲の原理、たとえば弾道学、大砲の構造についての知識についても、高度の教育を行う。さらに新式の砲が開発された場合、その性能を試験し、その最も有効な使い方について研究する仕事も専門学校の任務である。

こうした専門学校は、軍隊の機構が武器の進歩につれて複雑化しているため、ますます数が増える傾向にある。戦前の日本陸軍には、地上兵科の専門学校として、歩兵、騎兵、戦車、野戦砲兵、重砲兵、防空兵、工兵、通信兵、兵器（技術）、習志野（化学戦）、自動車（機甲整備）、輜重《しちょう》兵、経理、軍医、憲兵の一五校があったが、いまの陸上自衛隊には、富士（歩兵、砲兵、戦車）、高射、航空、施設（工兵）、通信、武器、需品、輸送、業務・調査（現・小平学校）、衛生、化学の一二校である（二〇一八年に情報学校開設予定）。

戦前と比較して学校の数は減っているが、その内容は大きく変わっている。これは米軍式の編成をとるようになったためといってよい。米軍の専門学校は、戦前の日本陸軍と同じく主要兵科ごとに組織されている。このほかに、補給、管理などいわゆる兵站《へいたん》業務に関連する専門学校がある。さらに米軍の特徴は、一つの学校のなかに初級から中級、さらに高級と各種の学習コースを併設している点である。

ソ連軍も、将校の教育に非常な努力を払う軍隊として知られている。一〇月革命直後、早くも一週間後に将校の補充教育のために士官学校が設立され、三カ月後の一九一八年一月には一三校、革命後一年目には六三校の士官学校で一万三〇〇〇名が教育を受けており、一九二〇年には一五三校の士官学校で五万四〇〇〇名が教育中だった。この軍事教育を重視する伝統に従って、第二次大戦が始まった一九四一年末には、五三万四〇〇〇名が士官学校に入学していた。第二次大戦中に、ソ連が養成した将校の数は約二〇〇万人に達している。

戦後は、士官学校の数はかなり減少している。現在は、各兵科ごとに将校を養成する士官学校があり、その数は合計一三六校ある。高等軍事教育機関としては、各兵科ごとに合計一七の軍大学があるが、これは米軍の専門学校に相当する。このほか、参謀本部大学が他の国々でいう最高の軍事教育機関の役割を果たしている。

軍隊の訓練

軍隊はたえず訓練を重ねなければならない。戦闘という行動は、人間にきわめて厳しい要求を課する性格を持つだけに、日常生活とはまったく違った行動、戦闘行動はたえず訓練しなければ熟練できないし、訓練を怠ればたちまち戦闘行動の技術は忘れられてしまう。武器の使い方についても、操作に熟練させるには、つまり号令を聞いただけで必要な操作が流れるように自然にできる状態にしようとすれば、長い時間をかけて操作を繰り返し訓練しなければならない。武器の性能が高度化するにつれて、その操作も複雑になってくる。したがって操作に熟練するには、それだけ長い時間の訓練を必要とする。

戦闘行動に慣れるには、実弾を射たない訓練、それも厳しい肉体的な訓練を重ねる必要がある。重い装備を身につけて、長時間行進する訓練を行っておかないと、いざ実戦に臨んだ場合に、役立たない。軍隊の機械化が進めば、兵員が徒歩で行動することはなくなると思われるなら、それは大きい誤りである。戦車に乗っている兵員であっても、徒歩による行進の訓練を受けて、肉体的に重い装備をつけての行進に肉体を慣らしておかないと、実戦では役立たない。

戦闘行動といっても、敵に向かって射撃する、敵の陣地に向かって突撃する場面は、きわめて稀《まれ》にしか発生しない。戦闘行動の大部分は、行進であり、陣地の構築である。こうした退屈な行動の連続が、戦闘なのである。戦争映画に出てくる華々しい射ち合いは、戦闘行動のごく一部にすぎない。といって、平時の軍隊では、この厳しい肉体的な酷使を伴う戦闘行動の訓練を繰り返さなければ、戦闘に強い軍隊を養成できない。

人間はどうして闘う気になるか

人間は誰しも闘争本能を持っている。戦後四〇年にわたって戦争していない、しかも平和国家を目指している日本でさえ、武器を使いたい、また武器を使って敵を倒したいと望む気持ちが、青年たちのなかから消えていない。最近、全国各地で大の大人が玩具の武器を使って、「戦争ごっこ」をやっている。常識ある人々の目から見れば、ばかげていると思われるだろうが、自衛隊に志願する青年たちもその理由に「武器が使える」ことを挙げる者が、結構多いのである。これは、人間には古くからある闘争本能の表現と考えてよい。

人間誰しも持っている闘争本能は、単なる本能にすぎない。子供から大人になるまでの成長の過程で誰しも友達とつかみ合いのけんかを経験しているが、それは人間の成長に欠かせない一つのプロセスである。その闘争本能が一歩進んで、そのまま軍隊に参加して戦争に出かけていくことになるわけではない。どの国でもそうだが、学校教育のなかで青少年たちに自国の歴史と伝統のすばらしさを教え、自国の独立を守るために生命を賭《と》して闘うことの重要性を教育する。こうした教育の効果が重なって、政府が戦争を決意したときに、その決意、政策を支持して戦争に参加しようとする雰囲気が盛り上がるのである。

第二次大戦の敗戦国のなかで、ドイツはいち早く本格的な再軍備に着手したが、二度にわたる敗戦を通じて、ドイツ国民には軍部の主張を拒否する強い流れが発生した。第二次大戦後のドイツでは戦争中にナチがやった大量虐殺、強制収容所でのユダヤ人大量殺人が、強い衝撃を与えた。戦争責任を問うナチの戦犯裁判を自らの手で進めないことには、ドイツ国民はこうした残虐行為によって近代的な文明国民としての資格を否定されてしまうとの危機感が働いたためである。「高度国防国家」を標榜《ひょうぼう》したナチの主張を否定し、国民の、要望とは関係のない軍部の政治的発言を退け、かつていわれた「国家を持った軍隊」ではなく、「国家の軍隊」にドイツ連邦軍（ブンデスベーア）をつくり変えるために、西ドイツの政界、言論界では活発な議論が展開した。その中心は、民主主義国家であれば、国民が自発的に国家を防衛するために軍隊に参加し、政府が決定したときには、国民が戦争に参加するに違いないという考え方の是非をめぐるものであった。

青年はどうして軍人になるのか

同じドイツであっても、ソ連の占領下にあった東ドイツでは、西ドイツと違って「祖国の防衛」をうたいあげるソ連式の思想教育を徹底する政策がとられてきた。この教育を通じて、東ドイツ国民は小学校の段階から徹底して「祖国の防衛」は国民の崇高な義務であると教育されている。その一方、東ドイツでは西ドイツの再軍備はかつてのナチの復活につながるとの宣伝を展開し、西ドイツ国民と軍隊との対立をあおる努力が払われている。

こうした主張は、まさしく政治体制のあり方と直結している。東ドイツの実態は、戦前のドイツで行われてきた「軍国主義教育」とまったく変わらない内容にもかかわらず、東ドイツ政府は断固として「軍国主義教育」ではないと主張している。その根拠は、政権が共産党の手にあり、共産党は絶対にナチではなく、戦争中も最も徹底してナチに反対して闘ったという点にある。これは、ソ連の主張とまったく変わらない。東ドイツは、典型的なソ連型国家であり、西ドイツの政治体制とはまったく違った国家になっているだけでなく、軍隊と国民との関係も対照的なものになってしまった。

日本の周辺をとってみても、日本だけが志願兵制をとっているだけで、あとのアジア諸国は例外なく徴兵制である。志願兵制なら、軍隊に入るのは自発的な意志を持つ青年に限られるから、国民を強制して軍隊に徴集する場合とは大きく違う。いわばやりたい人間だけが戦争に行けばよいのだから、軍隊に行きたくない人間は行かなくともよい。徴兵制の場合には、行きたくない青年であっても、一定の年齢になれば、軍隊に行かねばならない。こうした行きたくない青年、それが宗教上の理由か、それとも単なる軍隊嫌いかを問うところではないが、かれらをどのように納得させるかが、徴兵制をとる国にとってはきわめて重要な課題となる。

この問題を解決するのは、結局「学校教育」であると同時に、社会の雰囲気といってよい。東ドイツにかぎらず、徴兵制をとる国では例外なく軍隊に参加することは、自分の属する国家を防衛する国民としての義務であると教育している。また社会では、軍隊に参加する青年を尊敬する雰囲気を盛り立てる必要がある。長い歴史を持つドイツでは、いくら敗戦を経験しても軍人は、社会的に高い敬意を払われる職業である。英国、米国のように、議会制民主主義が定着している国であっても、軍人はやはり社会的地位の高い存在として扱われる。米国の大学は、ROTC（予備役将校訓練団）を持っているが、一九七〇年代から八〇年代にかけて、米国の威信が低下した時期には志願者が激減したが、一九八〇年代になってレーガン政権が米国の威信回復を実現しつつあるのと併行して、ROTCの志願者は急増した。

英国にも、第一次大戦以前からOTC（将校訓練団）があり、大学生に限らず、日本の中学生に相当する年齢の青年にも、平時から毎週二時間から三時間の軍事教育、夏休みには五週間から六週間の野外演習に参加させ、卒業後は予備役少尉として軍隊に採用する制度がある。

英国、米国にかぎらず、欧州は先進国では伝統的に社会の指導層に属する人々は、平時において経済、政治、文化などの活動で指導的な役割を発揮するだけでなく、いったん戦争になれば、自国を防衛するために、自ら銃をとり、軍隊に入って将校として指導的な役割を演じなければならないとする考え方が、歴史的にも定着している。そのためには、平時から軍事教育を受け、将校としての資格を得ておかなければならない。日本でも、戦前は中学校以上の学校には陸軍から派遣された現役将校が、学生に軍事訓練を行ってきた。いわゆる「学校教練」である。いまでも徴兵制をとる国では、例外なく大学、高校で「軍事教育」を行っている。

兵員と将校との信頼関係

軍隊を構成する二種類の人間は、それぞれまったく異なる機能を発揮する。将校あるいは幹部は、兵員に命令を下し、兵員は将校の命令に従って行動する。この両者の関係を支えるものは、軍規である。将校の命令に違反したり、拒否することは軍隊の規律を崩壊させるとして、厳しく罰せられる。そのために、どの国の軍隊にも、軍隊独自の法律、つまり軍（刑）法が制定されており、その施行のために「軍法会議」が存在する。

だが、こうした強制的な手段による軍規の維持は、けっして好ましいものではない。自発的に兵員が将校に服従するだけでなく、自発的に将校を援助しようとする積極的な服従こそ、軍隊の戦闘力を高めるのに欠かすことのできないポイントである。とくに、肉体的にきわめて厳しい条件の下で進められる戦闘の場面で、将校が兵員と安定した人間関係を築きあげないことには、部隊の団結は簡単に崩壊し、戦闘力は消滅しないまでも大きく低下するのは避けられない。

将校は、どうして兵員との関係を安定させることができるのだろうか。とくに生死のかかっている戦場では、将校の命令どおり兵員が行動する状態を、いかなる厳しい条件の下でも確保しなければならないが、こうした関係はどうすれば成立するのだろうか。

その一つは、将校の示す行動・態度が兵員にとっての模範となることである。厳しい肉体的な疲労を伴う戦闘行動でも、将校はたえず兵員よりも優れた忍耐力を示し、さらに責任感ある行動を示すことである。長い行軍、厳しい戦闘は兵員に限らず、かれらと行動を共にする将校、とくに下級将校にも同じように厳しい肉体的な負担をもたらす。その負担に耐えるだけでなく、兵員よりも高度の忍耐力を示すことが、まず将校に対する兵員の信頼感をもたらす。同じように、食糧や飲料水が不足しているときにも、将校は兵員よりも一段と忍耐力を発揮しなければならない。

次に求められるのが、正確な判断力と強い決断力である。敵と衝突したときに、将校は正確な情況判断に基づいて、兵員に命令を下さないと戦闘に勝てない。必ず戦闘に勝てる将校の命令なら、兵員は喜んでかれの命令に服従するだろう。

もう一つ重要なのは、将校の兵員に対する配慮である。戦闘では兵器弾薬を含めて、あらゆる物資が不足する。兵員の生活資材である食糧、飲料水、医薬品、衣料にも激しい不足が発生する。軍隊全体での物資補給が十分であっても、第一線部隊には補給能力に制限があるため、物資不足はたえず発生する。その不足がちの補給品をめぐって、兵員はたえず不満を持つ。その兵員の不満に答えるために、将校は大きい努力を求められる。少しでも多くの物資を入手する努力と同時に、その配分を極力公平に行うことである。同時に、必要なことは兵員の生活状態にたえず強い関心を示し、少しでも改善するための努力を払うことである。

合理的な運営

戦闘行動には、ある場合には徹底した犠牲を求めざるをえないことがある。主力部隊の包囲を免れるために、一部の兵を敵の激しい攻撃にさらしたまま、いっさい救援しないで全滅させることもありうる。これは、全体として作戦計画からみれば、合理的ではあっても、全滅を予定されている部隊にとっては、許されない不合理である。こうした状況に置かれた部隊に属する兵員にとっては、命令に服従するかぎり、死か捕虜かの選択を迫られるだけに、その不合理さは身にしみる。そこで必要なことは将校の指導力である。こうした行動をあえて進めることが、全軍の勝利、ひいては国家の勝利につながるという高度の判断、いわば政治的判断能力を兵員に持たせる努力が求められる。

と同時に、こうした悲運に投入される部隊には、兵器弾薬の補給などで高級指揮官は十分の配慮を与える必要があるし、参加した兵員に対しては勲章、昇進などの士気を高める措置も欠かせない。なにより重要な点は、こうした状況に置かれた部隊が、最高指揮官の関心をたえず引いている、つまりかれらの犠牲によってもたらされる戦況の改善が、全軍の勝利につながる点を、強調しなければならない。

将校は、こうした状況に置かれた場合、兵員に率直に状況を明らかにするとともに、それが全軍の勝利につながることを十分理解させる努力を怠ることは許されない。それにはまず将校自身が与えられた命令を正確に理解するだけでなく、戦争全体の進行についての正確な判断能力を持つ必要がある。将校は単に、軍事作戦を指揮するだけでなく、兵員の士気を高める努力を求められる存在なのである。

その一方、将校は指揮にあたって兵員に過重な負担を求めてはならない。食事を抜いたままで、長時間の戦闘行動を要求するとしても、それはあくまでも例外、それもはっきりした根拠に基づく措置であると理解させる必要がある。単なる懲罰のためにとられた措置であっては、兵員の反発を買うだけである。もともと戦争そのものが、国民の意志に関係なく一部の政治勢力の意志だけで強行されたと国民が感じている場合には、軍隊内部の不満はいつでも爆発する危険があるため、軍隊の合理的な運営そのものも困難である。言い換えれば、軍隊の合理的な運営を指揮官に許すには、政治家が戦争を開始する決断を下す時点で、全国民の意志を正しく反映させる必要がある。

第2章　戦闘力を発揮する組織

第一節　幹部の養成と教育

いかなる軍隊においても共通している原則の一つは、優秀な幹部をいかにして選抜しかつ養成するかという問題である。同じように、巨大な人間集団として存在する「企業」でもそうだが、日常たえず厳しい競争にさらされ、それに打ち勝つために激しい努力を求められる「企業」と違って、国家権力の骨幹としての軍隊は、長く続いた平和のあと、一朝事あるときに備えるのが、その主たる役割だけに、軍隊の幹部にはとかく新しい技術の発展といった要素に対して敏感な反応を示さない人が多い。軍隊の幹部は、昔ながらの慣習に固執し頭が固い、とする通念が日本では定着している。

だが、現実には優秀な軍人ほど、政治の流れ、経済、技術、社会の変化を敏感に受け入れようと努力する人々なのである。かつての日本陸軍・海軍の幹部は、その職業的な知識と能力において、世界の水準に比較してはるかに劣る軍人たちであった。その視野の狭さと不勉強ぶりが、ついに第二次大戦で日本を徹底的な敗北に追い込むのに、大きく影響したのは紛れもない。軍人という職業の基準として、かつての日本陸軍・海軍の将校、士官を考えるのは、大きい誤りである。この節では、こうした観点から軍隊の幹部とその役割を見直したい。

政治体制によって決定される選抜方式

どの国の軍隊も、まず幹部の選抜方式を決定するのに、きわめて慎重である。国家権力の骨幹である武装集団が誰の手に握られるかは、その国の支配層にとっては、死活にかかわるからである。軍隊の指揮官となる幹部をどのようにして選抜するかは、どの国の政府にとっても、きわめて重要な問題になる。軍隊の幹部となる青年をどの階層から選抜するかによって、政府あるいは政権を握る勢力は、自らの社会的基盤を決定することになる。この原則は、二〇世紀の今日においても変わらない。たとえば、多民族からなる新興の独立国においても、どの民族の青年を士官学校に入学させるかは、その民族に支配的な地位を認めることにつながるから、国内の政権を握っている支配的民族にしか軍隊幹部の地位を与えようとしない。

先進国においては、政治的な自由が国民に広く認められているから、多民族国家であっても、こうした民族的な差別が公認されているわけではない。その代わり、いろいろな制約が設けられて、支配層に忠実な青年しか幹部になれない仕組みになっている。たとえば、米国では正規将校を養成する陸海空三軍の士官学校に入学しようとすれば、必ず各州選出の上下両院議員あるいは大統領、副大統領の個人的な推薦を受けなければならない。この制度は最近ではかなり空文化したとはいえ、建国以来の伝統ある制度として、今日まで存続している。この制度の狙いは、連邦政府に忠誠な将校、士官を養成すると同時に、各州の出身者で連邦政府軍の幹部を構成することで、州と連邦との結合を強めようというものだった。一八六一年に南北戦争となったときに、南部諸州出身の正規軍将校はその大部分が連邦軍を辞職し、南部同盟軍に参加した。一八六五年四月、南北戦争が終わったあと政治的な権利が回復するまでは、南部諸州の出身者は士官学校に入学が許されなかった。南北戦争後、米国の領土が米大陸以外に拡大するにつれ、ハワイ、フィリピン、プエルトリコなどの海外領土からも士官学校入学が許されるようになった。

米国では、正規軍のほかに各州に武装部隊の保有を認めており、住民のなかから志願者を集めて「民兵」を組織することを認めていた。かれらは、独立以前から地域住民の安全を確保する武装部隊として、インディアンとの戦闘を行うなど、実績をあげてきた。宗主国だった英国との武力紛争が発生したあとは、かれらが主力となって英国軍と戦闘を繰り返し、ついに独立をかちとった。建国後は、憲法の規定によって米国人は自由に武器を保有する権利を認められ、地域住民が自発的に武装部隊を編成することが許された。この制度は、米国人に自ら軍事知識の習得に努める習慣をつけさせ、職業軍人でなくとも、軍事知識を学ぼうとする人々が、他国に比べてはるかに多いという結果を生んだ。

広大な国土に比較して、はるかに少数の正規軍しかない米国では、こうした地域住民の自発的な武装部隊によって治安の確保を図らなければならない事情にあり、それが今日まで存続している「州兵」を生む社会的な背景である。少数の正規軍を補い、本格的な戦争に備えるためには、平時から大量の在郷軍人、戦時になって軍隊の幹部になれるだけの軍事知識の持ち主を養成する目的で、すでに一八六一年、州立大学に対して軍事訓練を学生に施すことを条件に、国有地を無償で供与する制度が成立している。この制度は、世界では最初の予備役将校養成を目指す「学校教練」の制度である。この「国有地譲与大学」を卒業し、正規軍を志願する学生のなかからも将校を採用するようになった。

隣接国が互いに軍備を拡充し、たえず戦争を繰り返してきた欧州では、平時から財政の許すかぎり兵力の大きい軍隊を整備し、さらに徴兵制をとってできるだけ多くの国民に軍事教育を与え、戦争になればかれらを召集して一挙に大兵力の軍隊を編成しようとする政策をどの国もとってきた。そのなかでも、幹部の選抜と養成については、それぞれの国によって大きい差がある。その代表的なものとしては、プロイセン・ドイツの連隊長による士官候補生選抜方式と、フランスの全国一律学力試験による士官生徒選抜方式が挙げられる。英国のように士官学校生徒に安い日給を支給する一方、学費をすべて自己負担としている国では、将校になれるのは有産階級に限定される。フランスの場合は、学力さえあれば誰でも将校になれるから、一見平等主義的である。士官学校生徒からはいっさい学費を徴収せず、全額国が負担するからである。ドイツの場合、士官候補生に採用するかどうかの権限を持っているのは連隊長だから、連隊長と個人的な関係のある青年、あるいは思想的、社会的に見て連隊長が好感を持つ青年が優先的に採用されるのは避けられない。革命後のソ連では同じように共産党に対して忠実な青年、したがって共産主義青年同盟（コムソモール）員だけが、士官学校に入学できる。いまの東ドイツをはじめ東欧諸国でもこの点はまったく変わらない。中国では、文化大革命以前から士官学校を廃止し、すべての幹部は一兵員として入隊した青年のうち、しだいに昇進して下士官になった者のなかからのみ選抜してきた。これも、林彪が毛沢東の指示に基づいて、中国人民解放軍を国家の正規軍という性格から、中国共産党の支配する「党軍」に改革しようとした政策の反映である。

日本の場合、戦前は陸海軍ともフランス式であった。部分的にドイツ方式を導入し、まず士官候補生として入隊した青年を一年間訓練してから士官学校に派遣する制度となったが、肝心の士官候補生の採用基準は中央の教育総監部で実施する全国一律の学力試験の結果によったものだったから、本来のドイツ方式とはまったく内容が異なっている。この制度は、戦後の防衛大学校生の採用にもそのまま残されている。

技術教育と精神教育のバランス

士官学校での教育は、あくまでも職業軍人の養成を目的としている。米国のように、一八〇二年に創立されたウェスト・ポイントの陸軍士官学校では当時の他国に比べてはるかに長い四年の在学期間を通じ、主として土木工学など技術教育を中心とした教育を行い、開拓事業に欠かせない技術者の養成を考慮した教育を施したのは、きわめて例外であった、どの国の士官学校もなるべく短期間に職業軍人としての基礎教育を与えるのが、その任務であった。

職業軍人としての基礎教育は、まず第一に軍事学の基礎を教えることである。陸軍でいうなら、戦術、地形学、築城学、兵器学、射撃学、交通学、馬学、軍制学などの科目が、その中心になる。それもごく基本だけで、それ以上に教育することは、修業年限との関係から省略せざるをえない。こうした軍事学の基本を教育するとともに、その基礎になる数学、物理学、化学といった理数科の教育も欠くことはできない。とくに海軍では、陸軍以上に数学を使う航海術、砲術、水雷術、気象学などの科目が、基礎的な軍事学の中心科目となるだけに、一段と理数科の比重が高くなるのは避けられない。

また技術が急速に進歩して、次々に高度な科学技術の結晶ともいうべき兵器を軍隊が装備するにつれ、その兵器の性能を理解するために必要な科学知識は、いっそう高い程度のものになる。それをすべて士官学校で教育することは不可能でもあり、かつ軍隊内部での分業が進むにつれ、不必要になってきた。ごく概略の説明を与えるだけで士官学校の教育としては満足し、あとの詳細にわたる専門的な教育は、それぞれの専門兵科の学校で与える以外にない。

技術が進歩するにつれて、一段と重要性を増してきたのは、精神教育である。高度の性能を持つ兵器を装備し、ますます専門化が進む軍隊では、兵員の一人一人に至るまで、自らの任務を正確に理解するだけでなく、急速に苛烈《かれつ》になる戦場の生活に耐え、どんな厳しい条件の下にあっても、指揮官の命令に服従して行動することが要求される。こうした兵員を教育する任務を持つ将校は、それだけ国家に対して忠誠な精神を持たなければならない。将校が専門技術の知識しかない単なる技術者では、こうした任務を満足に達成できないのはいうまでもあるまい。

そこで士官学校での教育のなかに、精神教育の占める比重を高める必要が、一段と強まってくる背景がある。それも、戦前の日本陸軍、海軍がやっていたように、「万世一系の天皇を中心とする神国日本」という科学的でない「神懸かり」の精神教育ではなく、自国の政治、経済、社会制度の正確な説明を前提にしたものでなければならない。第二次大戦後の世界では、米国の民主主義とソ連の共産主義との思想的な対立が、大きい役割を果たしているだけに、そのどちらが国民により大きい幸福をもたらしたかをめぐって、激しい競争が展開されている。ソ連の士官学校では、生徒の大部分が入校以前に共産主義理論を教育され、共産党員になるための準備教育を与えられ、入校後は学校に配属されている政治将校から一段と徹底した政治教育、思想教育を受ける。

米国をはじめ、西側の先進国では、ソ連ほどのはっきりした政治教育を与えられるわけではないが、社会科学に属する科目の教育を通じて、民主主義制度の優越性を教育される。精神教育の大部分は、国家に対する忠誠心を発揮した先輩の軍人たちの業績を教育する形をとる。新興独立国の士官学校でも、建国の英雄たちの業績を生徒に説明し、かれらの後に続くことを生徒に訴える形をとるのが普通である。どの国の士官学校でも、こうした教材としていろいろな遺物を収集し、生徒に展示して、かれらの業績、とくに国家のために一身を犠牲にした崇高な精神を伝えようとする。

と同時に重要なことは、自国の政治制度、社会制度の優越さを徹底して教育することである。それは、必然的に生徒たちに自国の優越性、いわば「民族主義」を教育することでもある。どの国でも軍人、とくに将校は著しく「民族主義者」の傾向を示すのも、こうした軍人に必要欠くべからざる精神教育のもたらす結果といってよい。また誰でもそうだろうが、自国が世界のどの国よりも優れているとの信念がなければ、自国のために生命を賭して戦闘に従事しようという考えになるわけもない。

段階的な教育制度

士官学校での教育は、職業軍人として必要欠くべからざる基礎的な内容に限定されるために、どの国の軍隊においても、将校の教育は任官してから段階的に繰り返されるのが常識である。かつての日本陸軍では、士官学校の戦術教育でいきなり「師団長の決心」を教育したが、これはきわめて例外である。どの国でも、士官学校を卒業して少尉として軍隊に配属されてから、まず必要になる任務、つまり最下級の将校として兵員をいかに教育し、軍隊の最低単位部隊である小隊をいかに指揮するかに必要な知識を士官学校で与える。

それよりも士官学校を卒業したあと、まず各兵科の専門学校に派遣され、そこでそれぞれの兵科についての基本的な知識を教育する制度をとる国が多い。士官学校では、たとえば歩兵の装備する兵器すべてについて、その正確な性能、使用法を教育できないため、こうした専門知識は卒業後、改めて歩兵学校で教育する。ソ連のように、兵科別の士官学校を設けている軍隊では、この課程が省略されるが、米国、日本のように士官学校ではなるべく広範な基礎知識と、同時に考え方の訓練を与えることに重点を置く国では、士官学校を卒業しただけでは、配属された兵科に必要な知識が不足している。

こうした専門学校の初級課程を終わり、軍隊に配属されて実地に兵員を教育し、訓練し、さらに指揮する経験を何年か積んだあと、将校はより高度の教育を受けるために、再び各兵科の専門学校に派遣され、そこで一段上級の指揮官として必要な知識を教育される。この課程では、中隊長の仕事をやれるだけの内容が盛られている。

この課程を修了した将校は再び軍隊に配属されて何年か勤務し、そこで経験を積んだあと、さらに高級の軍事教育を受ける機会を与えられる。ソ連の場合なら、各兵科の初級大学がこれにあたる。米国なら、兵科専門学校の上級課程である。この段階になった将校は、ほぼ佐官に昇進している。そして全軍を通じての競争試験を受けて、参謀になれる大学校に入学する機会が認められる。この段階での教育制度は、国によって大きく異なる。ソ連のように、大佐あるいは少将になってから、全軍の頭脳となるべき高級幕僚を養成するフルンゼ大学に入学させ、陸・海・空・ロケット・防空の五軍全体にわたっての統合した作戦能力を教育する国もあれば、米国のように指揮幕僚学校でそれぞれの軍種、陸・海・空三軍の作戦能力を教育したあと、国防大学で三軍を統合した国防政策を教育する制度をとる国もある。

第二次大戦後の世界は、平時から軍事同盟が常設されているため、ソ連の同盟国である東欧諸国の高等軍事教育は、ソ連が担当しており、同じように西側では欧州諸国、日本、さらに韓国などアジアの同盟諸国は、米国に将校を留学させて、高等軍事教育を行う。こうした高等軍事教育を通じて、軍事同盟の具体的な内容となる共同作戦に必要な教育を行う。

どの国の軍隊においても、将校は勤務年限のかなりの部分を学校で過ごす。第二次大戦前でさえ、ソ連では将校は士官学校卒業後退役するまで、つまり現役将校としての一生涯のうち三分の一は、「学校で過ごす」といわれた。これは、戦後の今日でも変わらない。米軍の場合でも、同じように将校は何度も学校に入って教育される。

これも技術の進歩が急速なことからくる。二〇年も三〇年も前に士官学校を卒業した将校は、士官学校で教えられた知識では、現在の進歩した兵器を十分に使いこなすことはできない。進歩した兵器の性能を教育しないことには、十分な指揮能力を発揮できない。こうした将校の知識を更新するための「リフレッシュ」、さらにたえず変化する国際情勢についての情報を与えるためにも、高級将校に対する教育を欠かすことはできない。

その一方、学校教育の偏重は、大きい弊害を生む。学校教育で優秀な成績をあげるのはまず記憶力のよい、教えられた内容を十分記憶する能力のある者である。教えられた内容をうまく答案にまとめあげる能力も重視される。こうした学校秀才が、各段階の学校で優秀な成績を収めて、高級指揮官の地位につくことになれば、さて実際の戦場で優れた働きのできる指揮官として素質を持つ将校が、排除される危険がある。どの国の軍隊でも、この点を懸念していろんな対策を講じているものの、必ずしも成功していない。

職業軍人としての倫理

どの国の軍隊でも共通しているのは、軍人は国家に忠誠をつくすという、その倫理的な基礎である。その国家がいまその軍人が勤務している国家であれば、そこに大きい問題が発生しないが、第二次大戦でも見られたように、どういう国家に忠誠をつくすべきかという点で、大きい疑問が生まれることも少なくない。たとえば、一九四四年七月二〇日ヒトラーの暗殺を計画したドイツ軍将校たちは、合法的に国家元首の地位についたヒトラーに反逆したという解釈と、ヒトラーのとった政策はドイツ国を滅亡させる危険があるからこそ、かれを排除する努力はドイツ国に対する忠誠をつくす態度であるとする考え方の対立があり、今日でも決着がついていない。

政治教育が徹底しているはずのソ連軍将校のなかからも、ドイツ軍の捕虜になり、スターリンに反対してドイツ軍に参加したウラソフ中将のような例も出ている。こういう実例を見れば見るほど、職業軍人の基本的な倫理とは何かという問題が、かつてとは一段鋭い形で提起されることになる。スターリングラードでソ連軍に降伏したドイツ軍将校は、徹底して降伏を禁じたヒトラーの指令が、あまりに非人間的であると強く反発し、かれらのなかからドイツ軍の将校、兵員に反ヒトラー運動への参加を呼びかける「ドイツ将校連盟」を結成する動きが生まれ、かれらの呼びかけに応じた投降者もかなり出た。その一方、ドイツ軍の捕虜となったソ連軍兵士のなかから、とくにアジア系を中心にかなり大量の兵士がドイツ軍に参加し、フランスなどの反ドイツ・ゲリラの掃討作戦で、すさまじい残虐行為を行ったことも事実である。

第二次大戦では、ナチ・ドイツが悪の権化とされ、連合国は正義の味方と扱われてきたが、次の戦争ではこうした単純なイデオロギーですべてが割り切れるはずはない。改めて、職業軍人の倫理とは何かが問い直されるのは、避けて通れない軍隊の内部に根強く存在する問題点であり、この問題に正面から取り組んだ著作は、ほとんどない。ソ連では、戦後ドイツ軍の捕虜になった兵士を、釈放されてからそのまま自国の強制収容所に抑留し、スターリン死後まで戦犯として取り扱った。ドイツでは、ヒトラー暗殺事件に関与し、処刑された将校は、英雄としてもてはやされた。その典型が、ロンメル元帥である。こうしたやり方がはたして職業軍人としての倫理を確立するのに役立ったかと問うなら、その答えに窮することになる。この問題は、これから取り組まなければならない重い、同時に暗い課題なのである。

官僚的性格のジレンマ

軍人には上官の命令に無条件に服従しなければならないという制約がある。と同時に、政府の指示あるいは規則についても、これを守るべき義務を負っている。軍隊それ自体、あらゆる行動が詳細な規則によって規定され、そこから外れた行動をとることは許されない。かつて、日本陸軍では「成規類聚《せいきるいじゅう》」と呼ばれた膨大な規則があって、軍服のボタンのつけ方まで定められていた。軍隊内部の文書の書き方も、すべてこの規則によって決められていたから、どの部隊も戦場に数千ページにのぼるこの「成規類聚」を持っていかざるをえなかった。

これほど極端な例はさておき、いまでもどの国の軍隊でも同じようにすべての行動が規則によって定められているのは変わりがない。また中央政府の定めた規則どおり行動しないことになれば、軍隊は必然的に自分の持っている武力を、自分のほしいままに行使しようとする性格を持つ。議会制民主主義の定着していない発展途上国では、軍隊が中央政府の指令をまったく無視して、勝手放題の行動をとる傾向が強い。こういう無政府状態に比較すれば、政府の命令指示に忠実に服従する軍隊のほうが、はるかにましであるのはいうまでもないだろう。軍隊の運営が官僚化するということは、そのまま中央政府の命令、指示に軍隊が忠実に服従していることなのである。

上官の命令を批判するのではなく、そのまま忠実に服従して行動する習慣を軍隊の全員に徹底して身につけさせること、これは軍隊教育の一つの眼目である。この習慣が身についている軍人は、明確な、誤解のないような形で出された命令を好む。軍人の頭は、よく単純だといわれるのも、ただ官僚的な組織をとっているだけでなく、行動それ自体も軍隊とは独立した存在である政府の命令を待って、初めて行動する習性が長年の教育で身についているためなのである。

軍隊の官僚化は、歴史の古い軍隊ほど著しい。長い年月の間に、しだいに大量の規則が完成する一方、古い規則の廃止はとかく遅れがちだからである。いったんできあがった規則の廃止は、それなりの手続きを必要とするだけでなく、一部でも有効性があると判断されたときには、廃止に踏み切ることは考え難いからである。まして、現場の実態を正確に理解していない高級将校は、昔から慣れ親しんできた規則の廃止に消極的な態度をとる傾向が強い。こうした軍隊には、たえず改革への努力を強めないかぎり、古くさい規則の集積によって身動きのとれない状態に落ちこむことが少なくない。

一九八三年九月の大韓航空機撃墜事件は、ソ連にとって重大な打撃を与えた大事件だったが、これもソ連防空軍の現地部隊が、一九八一年に定められた「国境法」を文字どおり実行したことから発生した。現地部隊の指揮官は、民間航空機、それも民間人の旅客が数百人も乗っている定期旅客機を撃墜した場合の国際世論に与える反応など、まったく無視した行動に出ても、それは与えられている指令に忠実に服従する行動と考えたのは疑いの余地はない。これこそ、ソ連軍の体質が徹底して官僚化している反映である。一九八五年三月、東ドイツでソ連軍兵士が国際協定で認められている米軍将校の視察行動を阻止するため、その米軍将校を射殺したのも、同じような発想から出た行動といえるだろう。軍人があまりに官僚化した行動をとること自体、国家の利益につながらない。

言論の自由と柔軟な発想

軍人の教育にとって重要なことは、こうしたあまりに官僚的な行動を避け、実態に正確に対応した行動をとる心理的な余裕を確保する点である。それには、軍隊内部で徹底した言論の自由を保障し、すでに定められている規則それ自体を含めて、自由に批判することを許すことしかない。こうした自由な言論が許されているなら、当然、古くなった規則は実態にそぐわないとして厳しく批判されるだろう。また、たえず動いている経済、社会の変化を反映した新しい規則を定めるのも、著しく進むに違いない。

日本陸軍のモデルとなったドイツ陸軍では、官僚化した運営方式が古くから定着していた半面、部内での言論の自由はきわめて広い範囲にわたって確保されていた。陸軍の運営の実権を握っていた参謀将校は、部内に限定されていたとはいえ、あらゆる問題について自由な発言を認められ、上官が自らの権威を借りて、言論を封じることはなかった。明治四〇年（一九〇七年）にドイツ陸軍を視察した日本陸軍の三好一騎兵中佐は、その報告のなかで演習の講評に参加した将校たちの自由な振る舞いを見て、驚倒している。「（講評ノ）聴話者ハ、極メテ乱雑、アル者ハ煙草ヲ喫カシ、アル者ハパンヲカジリ、ツイニハ列ヲ離レ横臥スル者サエアリ」。こうしたドイツ軍将校の自由な姿勢は、すでに官僚化していた日露戦争後の日本陸軍では考えられなかったからである。

こうした高級将校の講評に対して、礼儀正しく聴かなければならないという態度は、そのまま講評を絶対視する発想につながる。もっとも、かれは講評それ自体についても、驚いたようである。「講評ニ当ッテ、統裁官ハ草稿ヲモ携フルコトナク、詳細ニ適切ニ講評スルノハ感ニ耐エタリ」。この高い能力を持つ高級将校の講評に対して、一般の将校たちはあくまでも自由に批判する姿勢を示したといってよいだろう。

こうした自由な言論が保障されていたからこそ、当時のドイツ陸軍は世界各国の陸軍のなかで、最も徹底的にかつ早い時期に、最新の戦争だった日露戦争の教訓を学びとり、歩兵操典の改正、野戦重砲と機関銃の配備の増加、四二サンチ重砲の開発による要塞攻撃能力の強化など装備の近代化を推進できた。その結果は、一九一四年第一次大戦が始まったとき、ドイツ陸軍はフランス陸軍を圧倒する戦力を発揮できる背景を形成した。第二次大戦でも、ドイツ陸軍の機甲部隊を生んだグーデリアンは、戦車には有効性がないとするスペイン内戦の教訓を否定し、スペイン戦場の特殊性を強く主張して、本格的な機甲部隊建設の路線を貫くべく、『戦車に注目せよ！』と題する著作を出して、当時の陸軍首脳部の保守的な考え方を批判した。こうした軍事学の著作を出すのも、自由な言論が許されているからなのである。

日本陸軍、海軍では、現役将校が著作を発表するときには「軍人著作ニ関スル規則」によって、その内容をあらかじめ上官を経由して大臣に届け出、その認可がなければ発表は許されなかった。明治時代の初期、まだこうした規則が制定されていなかったころは、現役将校も活発に著作活動を展開したが、明治一四年陸軍将校の自発的な研究団体である「月曜会」が解散させられ、これ以後陸軍の現役将校は公式の機関誌である「偕行社記事」に執筆する以外、すべての新聞雑誌への寄稿は陸軍大臣の認可をえないかぎり許されないことになったのである。

こうした措置は、当時の政府情勢、つまり民権運動が急速に力を増しつつあり、これに対抗するためには、政府が全力を挙げなければならないという事情が、その背景にある。この措置が一時的なものに止められ、陸軍、海軍の現役将校にも言論の自由を認めたならば、大きい弊害は残らなかっただろうが、当時の政府、軍部の首脳部には言論の自由、批判の自由がいかに重要なものであるかについての認識がまったく欠けていた。この制度は、それ以後第二次大戦が敗戦に終わるまで、実に六五年間も続いて、陸軍、海軍の将校を不勉強にする条件となったのである。

知識と能力を高める工夫

一九世紀初頭、ナポレオンに敗れたプロイセンを再建しようとした一連の指導者の一人、グナイゼナウと並ぶ陸軍の首脳だったシャルンホルストは、敗戦の打撃によって開戦前の平時兵力、約二〇万から一挙に四万二〇〇〇に制限されたプロイセン陸軍を再建するために、全力を挙げて取り組もうとした。敗戦の教訓として、まず第一に挙げられたのは、ナポレオン軍の将校に比較して指揮能力に劣る将校の問題であった。それまでのプロイセン将校は、主として貴族出身者で固められ、いかに能力があっても平民出身者は将校に採用されなかった。例外として、貴族が嫌うというより、かれらの不十分な基礎教育では勤務のしようがない砲兵、工兵の技術兵科だけは、平民出身者が採用されたが、主力だった歩兵、騎兵の将校については貴族が独占していた。

革命後のフランスでも、革命前のルイ王朝の軍隊が、貴族出身者で将校の地位を独占していたのに対し、思い切った改革を実行し、まず砲兵、工兵といった技術兵科の将校を教育する学校として、一七九五年九月「エコール・ポリテクニク」が設立された。この士官学校は、軍隊に技術兵科の将校を供給するだけでなく、数学、物理学、化学などの基礎科学の教育に重点を置き、政府機関、民間企業にも土木、建築、機械などの技術者、研究者を提供する目的を持っていた。この士官学校からは、一九世紀初頭フランスの科学研究を推進した多くの科学者が生まれた。数学のコーシー、フーリエ、ラグランジュ、力学のポァッソン、ビネー、化学のゲーリュサックなど、いまも古典科学の創始者として歴史に、また多くの法則に名を止めている人物を、この士官学校が生みだした（この歴史については小倉金之助著『戦時下の数学』が詳しい。小倉教授はこの本のなかで、しだいに戦局が不利に傾いていく日本に、フランス革命当時の歴史を踏まえ、思い切った科学振興策を訴えようとされた。だが、この提言は軍部の指揮者たちには文字どおり「猫に小判」だった）。

このフランスの経験から、プロイセンの改革者たちは「将校たるの資格は、平時にあっては教育と知識であり、戦時にあっては並外れた勇気と冷静さである」と主張し、将校には十分の教育を受けた青年しか採用すべきでないと要求した。

このとき以来、将校としての資格は、少なくとも中等教育を完了した青年にのみ認められるべきであるとする考え方が定着した。米国でも一八〇二年ウェスト・ポイントに士官学校を設立したとき、そのモデルとなったのはフランスのエコール・ポリテクニクである。ドイツでは、将校団の既得権を守ろうとする抵抗が激しく、フランス型の士官学校制度は導入できなかったが、その代わりに将校団内部で入隊した士官候補生に軍事学を教育する「軍事学教官」、精神教育を担当する「訓育中隊長」が設けられ、教育のやり方も段階をおって、兵から下士官とその職務の内容を具体的に教える方式がとられた。

学校で教えられる教科は、主として理論であり、原則である。これを具体的な戦闘行動でいかにうまく活用するかは、軍隊に配属されてからの実地の勤務を通じて身につけるという考え方をとったドイツ陸軍は、士官学校では将校試験に合格する程度の教育しか与えないが、軍隊では上級の将校が若い新任の将校の手をとり足をとって、徹底的に実地を通じて教育する方式をとっていた。そのための組織として「将校団」があった。各部隊長が将校団長、所属全将校を団員とする組織であり、毎日将校集会所で昼食、晩食をとり、そこで各将校は自由に発言でき、あらゆる問題を討論できた。階級に差はあっても、発言の自由が認められていたから、若い中・少尉であっても上級将校に反対することもできた。将校団制度が確立したのはドイツ陸軍に限定され、他の軍隊では将校は単に勤務上の関係に止まり、将校だけで食事をとるということさえない英軍のような軍隊すらあった。

将校団制度の確立によって、ドイツ軍将校は互いに個人的にも十分知りあえるようになり、戦争になったときにも互いに信頼できる関係にあった。互いの能力、性格についても十分知っていたからこそ、戦場で離れた地点にあっても、共通の課題を解決するための共同動作がとりやすかった。ドイツ陸軍では、少尉、中尉の間は、実質的に見習いとして扱われ、これを反映して給料も安かった。第一次大戦前では、少尉の月給は七〇マルク、中尉になっても一〇〇マルクであり、しかも昇進はきわめて遅く、のちに第一次大戦敗戦後にドイツ陸軍を再建したフォン・ゼークトのような有能な将軍でさえ、少尉を一〇年もやった。いわば、中・少尉は一人前ではなく、将校団の先輩たちの徒弟として扱われた。この制度が、近代戦という条件の下ではたして有効なものとして機能したかどうかは、慎重に検討しなければならない。

　どの国の軍隊でも共通している課題は、平時にあって「教育」を第一の任務としている場合と、戦時になってもっぱら「戦闘」を任務とする場合との著しい差を、どのようにして解決するかである。とくに軍隊の幹部として、活動の中心を担当しなければならない将校の役割が大きく変化する。平時にあっては、将校はまず「教官」としての任務を果たさなければならないが、戦時にあってはまず指揮官としての機能を期待される。両者が完全に一致する保証はない。第二次大戦で最も優秀な成績をあげたとされるロンメル元帥は、歩兵戦術の専門家としても知られていたし、戦車戦術の開拓者として有名なグーデリアンは、実戦においても優れた戦績を示した。

　こうした軍人はやはり少数派である。大部分の将校は、平時にあって「教官」の役割を演じ、戦時にあっては「指揮官」として働いたが、官僚化の著しい軍隊ほど、戦績と平時の業績、評価とは一致しない傾向が認められる。とくに、日本陸軍では陸軍大学卒業者しか将官になれない状態だったから、学歴主義の弊害が目立つ。将校の出身別による差別待遇も厳しく、戦場でいくら優れた実績をあげても、昇進は機械的な年功序列方式だったから、ドイツ陸軍のように一年志願兵出身者、あるいは一兵からさえ将官に登用することは絶無である。

　海軍でも、兵学校卒業序列が重視され、その後の成績を考慮するといっても、その範囲はきわめて限定されたため、大海戦に敗れた責任を問われるべき将官が、そのまま重要な指揮官に任命されることも少なくない。

平時にあっては、「教官」としての役割を重視するのは当然としても、戦時になれば徹底した実績主義を貫く努力が必要なのである。この選抜方式の転換をもたらすためには、何よりも平時から軍隊内部での自由な言論を保障するとともに、実績の評価の基準を明確にしておかなければならない。

有能な指揮官を選ぶ

軍隊には絶対に欠くことのできない要素として、有能な指揮官を挙げなければならない。指揮官とは、上級指揮官の命令に従って自らの指揮下にある軍隊に命令し、一定の行動をとらせ、自らの受けた命令どおりの目的を達成させる役割を果たすのを職務とする軍人である。戦闘中、上級の指揮官が次々に失われ、ついには最下級の兵員が指揮をとることもないではないが、一般に指揮官に任命されるのは、それなりの教育を受け、命令を受け発することに習熟した軍人に限定される。

具体的には、指揮官になるのは職業軍人ではなくとも、兵員よりも一段と高度の教育を受けた将校と解釈するのは常識である。同じ職業軍人であっても、下士官は正確な意味での指揮官ではない。徴兵制の軍隊にあっても、下士官は将校に比べて服役年限が短く、また受けた教育の程度が低いために、高度の軍事知識と熟練を必要とする高級指揮官に任命されることはない。もちろん、革命直後に革命政権を支持するために建設される革命軍では、革命政権に忠実な将校を持っていないため、旧軍の下士官を高級指揮官に任命することも多いが、これはあくまでも例外的な措置である。革命が成功し、本格的な正規軍を建設できるようになれば、こうした下士官出身の指揮官は、士官学校を卒業し正規の教育を受けた将校に交代させられ、退役するのが普通である。唯一の例外は、中国人民解放軍だが、これは毛沢東の軍事思想がもたらした大きい誤りである。その結果、中国人民解放軍は近代戦に耐えられない低い戦力しか持てず、一九七九年のベトナム出兵作戦で大失敗したのである。

指揮官の基本的な役割は、上級指揮官の命令に服従し、受けた命令を正確に実行することにある。平時の軍隊は兵制に関係なく、教育機関である。この条件の下では、指揮官は部下の「教官」となる。戦時にあっては、軍隊は本格的な武力行使の手段だから、そのときには戦闘に勝利するために全力をあげて努力することである。指揮官の本来の役割は、軍隊の置かれる情況によって変化する。平時や指揮官は「教官」であっても、その目的は戦闘にあたって敵に勝つために軍隊を訓練することだから、指揮官はたえず戦闘に勝つことに主眼を置いた行動に習熟しなければならない。たとえば、観兵式の指揮には十分習熟していても、戦闘にあたって沈着、冷静な判断を下し、かつ勇敢な行動がとれない指揮官は、軍隊にとってはまったく役に立たない、というよりも有害な存在である。

こうした指揮官の役割に適した人物をどのように養成し、かつ保有するかは、どの軍隊にとっても最大の課題になる。たとえば、高級指揮官に昇進させる将校の選抜にあたって、まず重視するのは能力、とくに知的能力だが、同時に健康、体力を無視できない。戦闘はきわめて大きい肉体的な負担を参加する軍隊に要求するから、それに耐えられない指揮官では役に立たない。いくら優秀な能力があっても肉体的に激務に耐えられない将校は、第一線勤務から排除し、後方勤務に配置転換しなければならない。

近代軍隊では、どの軍隊も例外なく将校に階級制度を適用しているのも、階級制度はそれぞれの階級での定年を意味するからである。一定の年齢に達した将校は、より上級の地位に昇進しないかぎり、退役させることで、人事の新陳代謝を図ると同時に、健康状態が戦闘に耐えられない指揮官を排除する必要があるからである。

問題は、平時と戦時とでは軍隊の役割が大きく変化することにある。平時、教育機関である軍隊では、知的能力を第一の基準として指揮官を選択してよいが、戦闘にあたってはこうした基準が必ずしも通用しない。戦闘では、クラウゼウィッツも言うとおり、敵情を正確につかめないだけでなく、入ってくる情報は必ず不正確なものになるからである。

こうした条件の下では、指揮官は強い直感力、表現を変えればカンを要求される。近代戦においても、この事情は変わらない。敵を攻撃しようとした指揮官は、第一線の動きを通じて入ってくる敵の動きについての情報を、はるかに離れた後方の司令部で入手することだけで、敵情を判断してはならない。自ら第一線に進出して、直接自分の目と耳で敵の動向を観察し、自分の経験に照らしてカンを働かさなければならない。ソ連軍では、高級指揮官が第一線に近く進出するよう教育しているが、これは第二次大戦でドイツ陸軍との戦闘を通じて学んだ教訓を取り入れたためである。

問題は、こうした鋭い直感力を持つ指揮官をどのようにして発見し、選抜するかであるが、平時においてはこうしたカンを発揮する機会はまことに乏しい。ということは、戦時にあっては指揮官の選抜をまず戦闘の実績、つまり戦闘で成績のよい将校を抜擢する以外に、本当の意味で有能な指揮官を発見できないことでもある。

もう一つ重要なことは、いかなる組織においてもいえるが、運に恵まれた人物を選ぶことである。これは理論ではないが、人間には必ず運の良し悪しがある。同じことをやっても、運の良い人間は成功し、運の悪い人間は失敗する。

この運、いい換えればツキのある指揮官を選ぶにも、やはり実績を第一に判断するほかに手段がない。

第二節　兵員の訓練と国民の技術水準

兵員の果たす役割

兵員は軍隊の内部では、幹部（将校）の指揮命令に従って戦闘を遂行する主体である。軍隊が発生してからこの方、兵員の技術水準、戦闘意欲、規律に対する服従の度合い、いい換えれば軍隊の規律、軍規に服従する習性といったものを教育することが骨幹である。

二〇世紀に入って急速に軍事技術が進歩し、これまで存在しなかった多数の新しい兵器が軍隊に採用されるにつれ、軍隊の構成は大きく変わってくる。つまり、航空機、戦車、軍艦などが登場して戦闘力の主体を構成するようになった第二次大戦では、こうした高度な技術のかたまりともいうべき新兵器の性能を完全に発揮させ、つまり故障を起こさず、性能どおり、設計どおりの性能を発揮して戦闘行動を続けさせるためには、これらの兵器の操作を直接担当する兵員だけでなく、兵器の整備、修理、さらにまた燃料、弾薬などの補給を担当する兵員の数が急速に増加を続けることになった。

直接戦闘行動に携わるため、第一線にあって兵器を操作し、戦場で敵の兵力を殲滅するため戦闘行動を担当する戦闘員と、後方にあって、大型の、行動力の大きな、かつ破壊力の強い新型兵器の整備、点検、補給などの業務に携わる兵員との比率は、第一次大戦以来、急速に変化を示している。第二次大戦では、たとえば米軍を例にとれば、約一二〇〇万人が陸海軍に動員されたが、そのうち第一線で直接敵との戦闘に携わる兵員は約一〇〇万人にすぎなかった。第二次大戦中の陸軍参謀総長マーシャル元帥の報告によれば、第一線で戦闘する直接戦闘部隊に編入される兵員の比率は、兵器の進歩とともに急速に減少する。

第二次大戦後の軍事技術の進歩に伴い、核兵器、さらに核兵器を装備した大陸間弾道弾（ＩＣＢＭ）、潜水艦搭載の核ミサイル（ＳＬＢＭ）などの進歩が一段と第一線で直接戦闘する兵員の比率を引き下げ、後方にあって兵器の点検、整備、補給などの業務を担当する兵員の比率が高まっていく。

今日では、軍隊の全兵力のなかで直接戦闘に携わる戦闘部隊、たとえば陸上では歩兵、戦車兵、砲兵などの比率は、せいぜいのところ一〇％以下になったと見られている。こうした軍隊の構成が変化するのに伴って、兵員の訓練も当然のことながら大きく変化して不思議はない。

技術的訓練の重要性

たとえば第二次大戦中、日本本土爆撃で大活躍した米空軍の主力爆撃機Ｂ－二九をとれば、直接戦闘に携わるのはＢ－二九に乗り込む一〇名（正副操縦士、搭乗機関士、爆撃照準手兼射手、航法士、さらに機銃を撃つ射手五名）であるのに対し、その点検、整備、補給、またＢ－二九を発進させるための航空基地の維持、補修、燃料、爆撃、機銃弾などの補給業務を担当する部隊、気象観測、通信などの補助部隊に勤務する兵員が九二名を数えたという。いい換えれば、一機のB－二九を発進させ、日本本土を攻撃するには一〇二名の兵員が必要であり、そのうち直接戦闘行動に参加するのはほぼ一〇％ということになる。

この一〇〇名を超える兵員のなかで、直接戦闘行動に携わる、つまりB－二九を操縦し、目標に接近して、計画どおりの爆撃を行い、迎撃に出てきた日本軍戦闘機と空中戦を行うのは、一〇％の一〇名でしかない。残りの地上で勤務する九二名は、それぞれ専門技術を身につけた兵員でなければならない。機体の整備、エンジンの調整、さらに無線、レーダーなどの整備、調整に当たるには、それなりの技術知識を身につけた専門工に等しい兵員が必要である。

こうした兵員を大量に養成するには、軍隊の訓練方式を思い切って変えなければならない。また同時に、B－二九を操縦し、爆撃を成功させるためには、まず第一に、B－二九の機体、エンジンなど、あらゆる機械を完全に修理、整備して、計画どおりの性能を発揮させなければならない。せっかく基地を発進しても、途中でエンジンに故障あるいは不調を起こし、目標に到達する以前に墜落するか、基地に帰還しなければならない状態になれば、B－二九の爆撃作戦は成立しないからである。

こうした技術的な要請が十分満足されないときには、計画された性能がいかに高くとも、戦闘用航空機は基地を発進して有効に戦闘行動を行えない。つまり、一〇〇機の戦闘用航空機を保有している部隊でも、故障あるいは部品の不足、さらにまた戦闘によって生じた損傷の修理能力が不足しておれば、実際に戦闘行動に発進させることのできる航空機の数は大幅に減少する。

つまり、兵器の技術水準が高まり、高度な性能を持てば持つほど、その稼働率が大きい問題になる。高い稼働率を維持するためには、何よりも点検、整備にあたる地上勤務員の技術能力を高度なものにしなければならず、戦争の経過に伴って次々に送り込まれてくるより高い性能の戦闘用航空機にも、その機構、あるいは各種の部品について十分の技術知識を身につけた地上勤務員を第一線の前線基地にまで広く配置しなければならない。

第二次大戦中の日本陸軍、海軍、航空部隊が米軍に比べて著しく戦績に差がついたのも、その一つの原因は、新型機の投入に伴って地上整備員の技術能力を高めることができなかったからである。

たとえば「決戦戦闘機」ともてはやされた陸軍の四式戦闘機（疾風《はやて》）をとっても、装備された発動機がきわめて高い技術水準を織り込んであったにもかかわらず、一式戦闘機（隼）のエンジンしか整備できない不十分な技術教育を受けたにすぎない整備員にとっては、四式戦闘機に装備された新型のエンジンの整備は手に余るものであった。

計画された性能がいくら高くても、これに伴って整備能力が向上していないときには、せっかくの新鋭戦闘機も戦力を発揮する機会が与えられない。

同じことが海軍の場合にもいえる。戦争中期以降出現した天山艦攻、彗星艦爆といった新鋭機は、開戦当時の九七艦攻、九九艦爆に慣れた整備員の技術水準をはるかに上回る高い整備能力を要求した。その結果、至るところの海軍航空基地では、整備不良あるいは修理不能のため地上に放置されている天山、彗星がずらりと並び、米海軍機動部隊の艦載機の絶好の攻撃目標、獲物になったきらいがある。

同様に、整備だけではなく、機器の維持、補修、あるいは燃料、爆弾、弾薬の補給能力に問題があれば、たちまちにして航空戦力の低下が起こる。ニューギニアの航空作戦で日本陸軍の第四航空軍がウェワク、ホランジアと二回にわたって米空軍の大爆撃を根拠飛行場で集中して受け、そのたびに戦力の大部分を失ってしまった。

こうした経験から、技術的訓練の重要性が第二次大戦の最も重要な戦訓の一つとなって、今日改めて評価されている。

パイロットの訓練を徹底

地上部隊に比べて、一段と高度な技術水準の結晶ともいうべき航空機を戦力の中核としている空軍では、地上部隊の兵員に比べて、より高度な訓練を、とくに技術的な訓練を必要とする。

第二次大戦中どの国の軍隊においても戦力の中核となった空軍では、兵員の訓練の焦点をパイロットの養成に置いた。当時の技術水準でも最高のものを要求される航空機の操縦は、それなりに高度な知能水準、同時に肉体的な能力を要求する。こうしたパイロットの技術的訓練が高水準を要求されればされるほど、パイロットを養成する教育部隊の機能を拡充強化しなければならない。

第二次大戦に突入する直前、米陸軍は航空部隊に対し、年間一〇万名を超えるパイロットの養成を計画するよう要求した。陸軍航空部隊司令官のアーノルド大将は、このパイロット養成計画を達成するために、民間の飛行学校を活用することに着目し、全米至るところの民間飛行学校に対し、陸軍のパイロットを養成するための施設の拡張を求めると同時に、陸軍航空部隊とパイロット養成についての契約を結んでいた。

こうした民間飛行学校を活用できた背景としては、第一次大戦が終わり、世界が「航空機時代」に入っただけでなく、一九二七年、リンドバーグによる大西洋単独無着陸飛行の成功など、当時の青年たちにとっては新しい冒険と成功の機会を与える絶好の新しい職業と評価されたため、多くの青年たちが民間パイロットとしての道を進もうとしたからである。

また、一九三〇年代に入って、米国至るところに飛行場が設置され、大都市はもちろん、中都市に至るまで定期航空路が開設され、民間航空業界は乗客、貨物の輸送業務を急速に発達させた。こうした民間航空機のパイロットは、それこそ新しい成長性のある職業として、多くの青年を惹《ひ》きつけ、彼らをパイロットに養成するための民間飛行学校が全米至るところで開設されたのである。

アーノルド大将は、これらの民間飛行学校との契約で、陸軍航空部隊でのパイロット養成と並行して、大量のパイロットを一挙に養成しようとした。実績を見ても、米空軍の一九三九年末のパイロット数二〇三〇名は、一九四四年末には一五万名と、約七五倍に増加し、パイロットの養成数も、一九四一年の九〇三〇名が、一九四四年には八万一〇二四名と、九倍に増加している。同様に海軍航空部隊でもパイロットの数は、一九四一年末の六三〇〇名が一九四四年末には四万七二七六名とほぼ八倍に増え、パイロットの養成数は、一九四二年の二万七五一五名が四四年には七万二九四四名と、これまた二・七倍に増えている。

こうした大量のパイロットの養成で戦力を充実させることができた米国陸軍、海軍航空部隊は、パイロットの養成に必要な訓練飛行時間を戦時中に一人当たり二五〇時間から三五〇時間に増加させ、それだけ高い熟練度を備えたパイロットを第一線に送り出すことができた。

これに対し、第二次対戦初期著しく優勢を確保したドイツ空軍では、戦争中を通じて約八万名のパイロットを養成したが、航空燃料の不足、損害の多発によって戦勢が不利になるにつれ、パイロットの養成に必要な訓練飛行時間を二〇〇時間から戦争末期には一二〇時間に削減してしまった。

同様に日本の陸軍、海軍航空部隊でも、パイロットの養成不足が戦力の減退につながるとの認識で大規模なパイロットの養成に着手するものの、その時期は戦勢の不利が明らかになった昭和一八年夏以降のことであり、ドイツ空軍と同様、パイロットの養成に必要な訓練飛行時間を次々に削減された結果、質の低下が著しく、結果として戦闘効率を著しく低下させることになった。

パイロットの養成に問題を限定すれば、どの国においても同じ方式がとられている。すなわち、まず初級段階では、練習機を使って、とにかく飛行機を飛ばすだけの最小限度の技術を教え込み、続いて中間訓練段階で、戦闘用航空機（実用機）を使って、その飛行技術を教え、操縦技術を教える。さらに錬成段階で戦闘技術を教育するという、三段階のシステムがとられている。

その三つの段階のどれでも、操縦技術の不十分な候補者は次々に教育過程から排除し、他の分野への勤務に配置転換するのが通例である。パイロットの養成は、それなりに長い期間と同時に多くの航空燃料、さらにまた熟練した教官による個人教育を中心とするだけに、きわめて高価な、つまり教育投資を最も必要とする分野といってよい。

第二次大戦後もこの傾向は変わらない。日本の航空自衛隊の例をとっても、一人のパイロットを養成するのに必要な経費は二億円前後、その期間も三年以上にわたる。米空軍でもほぼ同様の投資と訓練期間が必要である。

いい換えれば、空軍の戦力を発揮する直接戦闘員としてのパイロットは、それだけ高度な技術能力を要求されるだけでなく、精神的にも肉体的にも最も水準の高い「精鋭」を揃えなければならない。と同時に、こうしてせっかく養成したパイロットも、その技術水準を維持し、かつ高めるためには、年間何十時間かの飛行時間を与えて、たえず訓練を重ねていかなければ、第一線で戦闘能力を発揮することができないのである。

より多くの人力が必要な近代兵器

第二次大戦での代表的な新鋭兵器B-二九を一機飛ばせるのに、すでに述べたように一〇〇人を超える兵員が必要だった。第二次大戦後はいっそうこの傾向が著しい。極端なことをいえば、核ミサイル、たとえばICBMは、発射基地を発進してから目標に到達して装備した核兵器を爆発させるのは、すべて人間の手を借りない自動化された装置であり、核ミサイルを装備した部隊では、航空機のように自ら目標に向かって搭乗した兵器を操縦して移動しなければならない役割を担当する兵員はいない。つまり、直接戦闘行動を担当する戦闘員は、狭い意味で解釈するかぎり、一人も存在しない。

その代わり、核ミサイルを計画どおり目標に正確に直撃するためには膨大な人員を必要とする。まず核ミサイルの整備は、エレクトロニクス、さらにまた固体燃料、誘導装置等々、広範な先端技術を身につけた専門の整備技術者の手を借りなければならない。発射にあたっても、どの方向に発射するか、これを決めるのは、天体観測によって得られたデータをコンピュータに入力し、そこで複雑な計算を行ってはじめて決定できる。こうした天体観測のデータを集め、さらにまたこれをコンピュータに入力するためには、これまたきわめて高度な技術能力を備えた多くの専門家を使わなければならない。

　こうした高度な技術を必要とする専門家の集団以外に、かれらに二四時間生活できる条件、たとえば住居、給食、衣料などを保障するための補助要員が必要である。こうした専門家が働くのは、空調のきいた、静かなコンピュータの端末を多数備えた施設だが、かれらに一日八時間、快適に勤務させ、かれらの技術能力をフルに発揮させるためには、一日三度の食事を質の高い、しかも衛生状態のよい環境で提供しなければならず、勤務を終わった専門家たちが宿泊する宿舎も、これまた快適な質の高いものが要求される。

　いい換えれば、ミサイル部隊に勤務する兵員は、大部分が大学卒以上の知識水準を備えた高度な専門家であると同時に、かれらに安全な、快適な生活条件を保障するための膨大な補助要員を必要とする。核ミサイル一発を計画どおりの性能で発射するために、いったい何人の要員が必要かはどの国も発表していないが、おそらくB－二九一機を戦闘に使用するための補助要員以上に、ICBM一基当たり三〇〇人、四〇〇人の兵員が必要であり、そのなかでも高度な専門技術を持つ専門家あるいは専門職は数十名にすぎず、圧倒的な大部分は、給食、宿舎の維持、補修、警備、輸送など、いわば「雑用」に勤務する未熟練者で占められることになろう。

　このように破壊力が増加すればするほど、兵器の性能を計画どおり発揮させるために必要な兵員の質と量が求められる。核ミサイルの整備が、装備している核弾頭はもちろんのこと、誘導装置、噴射装置、エンジン、さらにまたロケット本体など、高度な先端技術のかたまりであるだけに、その点検整備はきわめて高い技術水準を必要とし、これらの専門家に、厳しい規律のもとで、しかも与えられた任務を完全に遂行できるだけの生活条件を保障するには、これまた莫大な補助要員を必要とする。

地上部隊でも、戦力の中核となる戦車をとれば、一両当たりの搭乗員は、第二次大戦中は平均五名、現在は三名（戦車長、操縦員、照準手）にすぎないが、これまた性能が高まるにつれて、その点検、整備、補給にあたる兵員の数は、第二次大戦中、せいぜい一両当たり二名ないし三名だったのが、今日では二〇名近くに上っている。

こうした傾向は法則的なものであって、どの国においても共通して現れる。近代兵器の装備が、また開発が進めば進むほど、実は破壊力の増加以上に兵員の数が、したがって人力がより多く求められるのである。

演習の多様化

平時にあって戦闘行動に携わらない軍隊は、本質的に「教育機関」である。軍隊に入るまでは軍事技術の教育をほとんど受けたことのない青年に、狭い範囲だとはいえ、先端技術を駆使した新兵器の操作、さらに点検、整備に必要な技術を教え込み、同時に指揮官の命令に忠実に服従して、指揮官の指示どおり、正確に教えられたとおりの動作を繰り返させ、条件反射にも似たような練度に到達させるには、長い教育期間と、同時に演習を繰り返す必要がある。

演習はその一方で、軍隊の指揮官に対して、それぞれ想定された作戦の局面でどういう命令を下せばどういう結果が生まれるか、これを実際に部隊の行動を通じて教え込む機会でもある。

個々の兵器の操作については、大規模な演習を行う必要はほとんどない。たとえば核ミサイルの発射演習を大規模に行うことは、経費のうえからいっても、また外交上からも、事実上不可能といってよい。核ミサイルの発射台をモデルにつくられたシミュレーション装置を使って発射訓練をやること、その結果がどういうものであるかをコンピュータを通じてチェックする。こうした操作は、比較的経費もかからず、また実際にかなりのところまで使用した場合の状態に近いものをコンピュータのディスプレーに現出することができ、それなりの訓練効果を上げることができる。

だが現実に航空機を使っての空軍演習では、指揮官の教育訓練を短期の操縦訓練と同じやり方で展開することはできない。実際に航空機を装備した空軍部隊を使って大規模な演習を行うことで指揮官は、実際の戦闘行動にあたっての必要な情勢判断、さらにまた作戦目的に最も適した命令を下すためにどういう情報が必要か、またその情報をどのように評価し、それに基づいてどういう内容の命令を下せば作戦目的を達成することができるかどうかの判断の基準を正確に理解できる。そのためには、どうしても実際に部隊を使っての「演習」を繰り返す以外にない。

また、この「演習」を通じて、防衛のために、あるいは戦争のために、どういう作戦計画を立てるのが最も有効かをチェックすることも必要である。演習はいつの場合でも「想定」に基づいて展開される。この「想定」をつくるものは、そのときどきの作戦計画、すなわち全軍を仮想敵国の予想される軍事行動を阻止あるいは破砕するためにどのように展開し、行動させるかの計画に基づいて立てられる。

いい換えれば、大規模な演習を、その内容を含めて子細に観察すれば、そのときの軍隊がどういう作戦計画あるいは戦争計画に基づいて次の戦争で行動するかを判断する最も重要な手掛りを得ることもできる。

まして第二次大戦後、NATOあるいはワルシャワ条約機構に代表される軍事同盟体制が平時から整備され、それぞれ国籍の違った、したがって使用する言語の違う軍隊が同一の指揮系統のもとに編入され、一朝有事のさいには共通の作戦計画に基づいて軍事行動を起こす体制が組み上げられている場合には、なおさらである。平時からこの軍事同盟に参加した各国の軍隊を統合した「演習」を繰り返して、互いに軍隊の組織、また運用方式についての理解を深め、指揮官相互の個人的な親密感を打ち立てておかなければならない。

第一次大戦後と違い第二次大戦後は世界の主要国が例外なくこの軍事同盟に組み込まれているという現実が、軍隊の「演習」の規模をいっそう拡大させる政治的な条件なのである。

こうした国籍の違う軍隊を同時に大量に行動させる「演習」は、その運営もきわめて複雑であり、広い正面にわたっての軍事行動を確実に掌握しようとすれば、当然通信の量が大きく増える。この通信も、大部分が無線通信にならざるをえない。そのときにも暗号が使われているが、これまた作戦行動を指示し、報告させ、戦闘状況を報告させ、さらにまた新しい命令を下すという指揮を円滑に、かつスピーディに行うためには、暗号の構成をなるべく簡単なものにして、暗号の組み立て、解読を短時間にできるものにしなければならない。いい換えれば、NATO、ワルシャワ条約機構とも毎年のように繰り返す大規模な「演習」を通じて、相手側はそれぞれ、その「演習」での通信を傍受し、その暗号を解読して、演習内容を互いに確認することで互いの作戦計画、戦法を承知し合うという状況が、とくに欧州正面では逆に軍事衝突あるいはまた奇襲作戦の恐れを解消する手段にもなっている。

この意味では「演習」の意味は、昔と違って第二次大戦後は、一種の政治的なデモンストレーションと同時に、対立する両陣営の軍事専門家に互いに相手方を理解し合う機会をつくり出している。

肉体的訓練は軍隊の基本

さきに挙げたように、困難な条件のもとで、荒廃した戦場で闘う直接戦闘部隊の全兵員に占める比重はますます低下する傾向にあるが、それはけっして軍隊の主役である兵員に厳しい内体的訓練を廃止してもよいということではない。

第二次大戦でもそうだったが、第一線の厳しい戦闘状況に長期にわたって兵員を投入し、大きい損害を覚悟しての厳しい戦闘を続けさせれば、かなりの比率で「戦争神経症」あるいは「戦闘疲労」とよばれる現象が発生する。いい換えれば、あまりにも肉体的、精神的な緊張を強いられ、その緊張に神経が耐えられなくなって、一時的な錯乱状態に陥る兵員がかなりの比重で発生する。

また、さきに挙げた兵器の高度化に伴って、多くの高い技術能力を持つ専門家と、かれらを支援し、援護するための「雑役」に等しい勤務に服する兵員も、健康状態を最高の水準に維持し、訓練された技術能力をフルに発揮させるには、何よりも肉体的な健康を維持する努力が必要である。高度な専門技術を教育された専門職の兵員は、勤務中大部分、コンピュータのディスプレーをにらみ、キーボードを操作することだけである。それにはあまり肉体的な条件を厳しく求める必要がないように見えるが、民間企業でも同様に、コンピュータの操作を一日八時間行うことは、高度の神経の緊張を伴い、いつの間にか目に見えない形の疲労が蓄積する。

この目に見えない疲労を解消させ、翌日また新しい、しかも活力にあふれた状態でコンピュータの前に座らせるには、勤務を終わった後、スポーツなど、筋肉を十分使って精神的なストレスを解消するとともに、目に見えない疲労を消し去る必要がある。

さらにまた、かれら専門家集団をバックアップし、かれらに確実で安全な快適な生活条件を保障するための補助要員についても、単なる未熟練者が担当する「雑役」という、専門家よりも一段ランクの低い、したがって評価の低い職務を強要されているという認識ではなく、かれらの果たす「雑役」がいかに軍全体の戦力を発揮させるのに必要欠くべからざるものであるかを正確に理解させ、勤務に積極的に応じさせる努力を軍隊の指揮官としては払わなければならない。

それにはチームワークを必要とするスポーツが、専門職とこうした補助職との相互理解、さらにまた精神的な団結を図るうえに大きな役割を果たす。この点では民間企業と同様であるが、日本でも都市対抗野球が高校野球よりも実は経済界に大きい関心を呼び起こすのも、こうした職場内の人間関係を円滑にするとともに、従業員相互間の理解を深め、精神的な団結を強める効果があるためである。

軍隊の場合、一段と肉体的訓練の必要度が高い。さきに挙げたように、軍事技術の進歩につれて、ますます高度な専門知識、技術能力を持つ専門家集団の充実が必要だが、かれらもいつも専門職だけを担当しておればそれで戦闘力の発揮に支障が生じないという本来の役割に限定するわけにはいかない事態が必ず発生する。

たとえば、もし局地的にもせよ戦闘に敗れて、こうした専門職集団をそのまま第一線の地上戦闘部隊として使用しなければならない最悪の事態には、専門職といえども軍人であるかぎりは最低限度の肉体的訓練、たとえば銃を発射し、手りゅう弾を投げ、かつ自ら身を守るだけの塹壕《ざんごう》を掘削するなどの基本的な訓練を受けておかなければならない。この点が民間企業と軍隊との大きな違いであって、軍隊の場合には、最悪の事態にもとにかく一定の戦闘力をどの兵員にも発揮できるだけの基礎的な肉体的訓練を施しておく必要がある。

また同時に、こうした基本訓練を共通して受けることにより、その後の専門分野への分業体制に一つの共通した基盤を与えることも見落とせない要素である。

核ミサイルを運用する部隊においても、とにかく軍隊としての規律を維持するための歩調を揃えての行進、あるいは不動の姿勢、敬礼の動作などを的確に教えておかなければ、軍隊としての規律を維持することも不可能である。この意味では、軍隊では専門教育の前に、まず軍人として必要欠くべからざる最低限度の肉体的訓練を施す必要がある。この過程を経て初めて、それぞれの専門分野に分かれての高度な技術教育、訓練を受けるべきなのである。

たとえば第二次大戦中をとっても、どの国の軍隊でも、パイロットを養成するにあたって、まず基本的な肉体的訓練の過程を予備訓練の段階に設けている。ドイツ空軍のように、一年間も歩兵としての訓練を与えてからパイロットの教育に入るというのもいささか変則ではあるが、日本陸軍の航空部隊のように、三カ月間徹底した肉体的な訓練を施し、その後一二カ月にわたってのパイロット養成に入るというのが、やはり基本かもしれない。

技術能力は経済力に比例

第二次大戦の深刻な教訓の一つは、空軍でのパイロットあるいは地上部隊での戦車といった新兵器の操作にあたるべき兵員は、軍隊に入るまでにそれ相応の技術能力を身につけておく必要があるということであった。米国のように、若いうちから自動車の操縦は一種の「常識」になっている国と、日本のように、自動車の運転技術そのものが、いわば一種の「特殊技能」と評価され、大部分の青年は軍隊に入るまで自動車など乗ったことも、ましてや運転したこともない青年たちに飛行機の操縦技術を訓練するのとでは、まったく出発点が違っていた。米国の大学生ならば、入隊前に十分こうした内燃機関についての基礎的な知識を身につけている。日本の大学生は、自動車など、乗ったことはあっても、さわったこと、まして操縦した経験はほとんどなく、さらにまた内燃機関についての知識など学んだこともない、経験したこともない者が圧倒的な大多数を占めていた。こうした青年に高度な最新技術の結晶ともいうべき航空機の操縦を教育しようとすれば、まず内燃機関の基本原理から教えていかねばならない。それだけ教育期間は長くなり、同時にまた多くの施設と教育人員（教官）を必要とした。

同様に、コルホーズでたえずトラクタを運転していた農民は、わずかな教育訓練でT–三四の操縦技術を身につける。キャタピラを装備した車両の運転に十分熟練していたソ連の農民が、ほんの数週間の教育でも立派にT–三四を操縦できたのも、戦車と農業用トラクタとではまったく変わらない原理が共通していたためである。

同様に、平時から小銃射撃に熟練し、至るところの射撃場で実弾射撃を経験してきた青年ならば、軍隊に入っても射撃訓練の必要はほとんどない。射撃技術の基本を完全に身につけているからである。同様に、コンピュータの操作に熟練している青年が軍隊に入り、核ミサイル部隊に配属されたとしても、彼は入隊前に使ってきたのと同様のコンピュータの使用は朝めし前といってよい。

原子力発電所でたえず原子炉の操作にあたってきた人間が、原子力潜水艦など、原子力機関を備えた海軍の艦艇に乗せられたとしても、彼は入隊前に扱ってきたのと同様の機器を操作するのであって、そこには何の戸惑いも、また改めての教育を必要とする状況にはない。このように、高度な技術の結晶ともいうべき新鋭兵器の操作も、実は平時における経済の技術水準が高ければ高いほど、容易に、かつまた迅速にその操作に習熟できる技術的な背景を多くの人々に与える保障が成立する。

この意味では、一国の技術水準の高いか低いかは、そのまま高度な軍事技術の結晶、新型兵器を操作する兵員の技術能力を左右するといってよい。この意味での技術能力の差は、そのままその国の経済力の差でもあり、経済力の強い国の軍隊は、高度な技術能力を兵員に広く、かつ深く与える機会を平時から整備しているといってもいい過ぎではない。

第二次大戦中日本の陸海軍が最も苦しんだのは飛行場の設定速度の差であった。戦前、もっことつるはし（鶴嘴）、せいぜいのところトロッコを使ってのみ、大型土木工事を施工することに慣れていた日本では、ニューギニア、あるいはソロモン群島の未開の地で急速に飛行場を整備するのにあたって絶大な威力を発揮したブルドーザなど、大型土木機械の運転技術を身につけるだけでなく、効率よく、かつまた有効に各種の大型土木機械を組み合わせて土木工事を遂行する技術能力に欠けていた。こうした大型土木機械を巧みに操作運転し、一定の目的を持った土木工事を効率よく遂行するために必要不可欠な準備あるいは計画、これに基づく共通した組織的な工事方式を身につけている技術者あるいは運転員が大量に存在していた米国と、こうした大型土木機械に一度もさわったことすらないトラックの運転員を即席に操作員に仕立てなければならなかった日本とでは、当然のことながら、同じ台数の土木機械を備えていても、その施工能率に極端な格差が出ることは避けられなかった。

こうした経験からも、さきに挙げたような平時の技術水準を極度に高める努力なしには、戦時においても有効な新型兵器の操作技術に熟達した兵員を容易に短期間に養成することはできないのである。この意味では、兵員の訓練、さらにその成果は、広範な国民全体の技術能力の差によって左右されるといってもいい過ぎではない。

有事即応体制と兵員の訓練

第二次大戦後、核兵器とミサイルの発達によって、また軍事同盟体制の定着とともに、世界の軍事情勢は一変する。もちろん予想だにしない、いわゆる戦略的な奇襲による核戦争の発生はまずありえないと考えてよいが、それでも万一の事態に対応してそれに準備することも、軍部の指導者としては、またどの国の政治指導者にとっても、最も重要な課題である。

そのためには、米国、ソ連とも、すなわち世界の軍事大国は例外なく、「有事即応体制」をとっている。いい換えれば、万一ソ連あるいはアメリカの核ミサイルが本土の戦略目標を攻撃する事態になれば、いつでも対応できるだけの能力を平時から整備し、かつこれを維持するための努力が軍備の重要な課題の一つになっている。

また同時に「有事即応体制」を維持しようとすれば、これはきわめて重い負担を軍隊にかける。率直にいって、二四時間、仮想敵国が核ミサイル攻撃をいつ開始しても、これに対応できる体制、これが「有事即応体制」だが、これを常時維持しようとすれば、高性能のレーダーを二四時間稼働させ、たえず宇宙をにらんで、核ミサイルあるいはそれに類似した物体が本土に向かって進行してくるかどうかをチェックしなければならない。

そのためには、高性能のレーダーを整備するだけでなく、同じレーダー基地に何台かのレーダーを配置し、その一つが故障しても、他のレーダーによって同じ宇宙域をカバーできる体制を維持しなければならない。レーダーサイトでディスプレーをにらんでいる兵員はもちろん交替制をとらねばならず、八時間の勤務時間でも、一時間レーダースコープを見ておれば一時間休憩し、さらに一時間勤務に就くという体制をつくらなければならない。これはレーダーサイトに勤務する兵員の数を増やすだけでなく、そこで発見された不明物体の内容についても、これまた厳しくチェックし、それが核ミサイルであるかどうかの判断を正確に下すことも、こうしたレーダーサイトを指揮し、管理する指揮官の重要な任務である。

こうした勤務に従うレーダーサイトの兵員たちは、勤務中は極度に神経を張り詰め、注意深くレーダースコープを監視しなければならないが、同時にまた、かれらに命令を下す指揮官は、これまたより高度な技術能力と、同時にまた沈着冷静、正確な判断能力を要求されるのは当然である。

さらにまた、こうしたレーダーサイトに勤務する他の兵員は、それぞれ与えられた任務、警備、炊事、あるいは宿舎の整備、燃料、食糧などの補給、発電、給水等々の業務を、正確に、かつ緩みなく、いっさいの事故を起こさないように続けなければならない。これまた非常な努力を必要とし、こうした「有事即応体制」は、それを維持する兵員の訓練を高度化するだけでなく、維持するための経費も膨大なものに上る。

米国海軍では、たとえば有事即応体制の中核として、空母を中心とする機動部隊を整備している。その建造には、少なくとも六〇億ドル、すなわち空母一隻の建造費二〇億ドル、空母の護衛艦の建造費に約二〇億ドル、搭載機とその装備に同じく約二〇億ドルを必要とするだけでなく、兵員を訓練し、維持し、かつたび重なる演習によって所定の練度を保つために、年間少なくとも四〇億ドルないし五〇億ドルの経費がかかる。

五〇億ドルといえば、日本円に換算して一兆二五〇〇億円（※一ドル＝二五〇円計算の当時）であり、こうした機動部隊を三つ維持しようとすれば、それだけで日本の防衛予算の全体が吹き飛ぶ。

こうした「有事即応体制」を維持するためには、これをバックアップするための膨大な後方施設が必要である。さきに挙げたレーダーサイトをとっても、一日八時間ずつ三交替の兵員が最低限度必要であり、さらにまたかれらに休養を与えるための予備を考えれば、おそらく四交替分の兵員を常時確保しておかねばならない。かれらを養成し、教育するための教育部隊の規模も、当然のことながらこれに相応した規模を持たなければならない。

こうした意味で「有事即応体制」を維持するには、軍隊は平時の基本的な役割である「教育機関」として果たさなければならない機能をいっそう強化しなければ、こうした任務を達成できないのである。それは同時に、軍事費を著しく拡大し、その負担がいっそう大きくなることでもある。

たとえば一九八三年九月一日、大韓航空機撃墜事件が発生したが、アリューシャン方向からカムチャツカ半島に進入し、さらにオホーツク海に抜け、サハリンを横断して日本海へという通常ルートを大きく逸脱して飛行を続ける大韓航空機に対し、現地のソ連防空車は全力を挙げてこれを捕捉《ほそく》しようと努力したが、容易なことでその目的を達成できず、サハリン上空でようやく目標である大韓航空機に接近した防空戦闘機のパイロットも、領海ぎりぎりのところでようやく空対空ミサイルを発射して大韓航空機を撃墜することに成功しただけである。あと数分タイミングが狂えば、大韓航空機は日本海上に抜け、そのままソ連上空から逸脱してしまったに違いない。

こうした偶発的な事件が発生した場合に、「有事即応体制」を完璧《かんぺき》に整備しているはずのソ連防空軍ですら、必ずしも正確かつ的確に行動できなかったことを示す。「有事即応体制」は、こうした偶発的な事故が起こっても、それに迅速、的確に対応できる能力を平時から整備することである。それには実に高度な熟練と同時に、膨大な後方支援能力を不可欠とする。

日本の航空自衛隊でも、領空侵犯の警報が出れば、五分以内に二機の戦闘機が基地を発進して目標に直進するよう定められている。そのためには、常時パイロットは待機室で飛行可能な状態で警報を待機していなければならない。スクランブルに発進する二機の戦闘機は、いつでもエンジンを始動できる状況に完璧な整備を行い、指令が出しだい、即座にエンジンを始動させ、滑走路に進入できる体制をつくっておかねばならない。航空基地を管理する管制官は、ただちに滑走路を使用しようとする自衛隊機あるいは民間航空機に対し、滑走路を開けるよう要求し、そのために必要な措置がいつでもとれるよう、繰り返し訓練を重ねておかなければならない。

有人の戦闘機ですらこうした状態であって、まして核ミサイルを発射するかどうかの決断を下そうとすれば、その決断は最高政治指導者、すなわち米国ならば大統領の権限に属する。大統領は二四時間、核ミサイルの発射を指令する通信機器を備えた戦略空軍の担当将校を、どこにいても身近に置いておかねばならない。かれは核ミサイルの発射を指令する通信機器を携え、それを常時点検して、いつでも大統領の指示を即座に確実に戦略空軍司令部（ＳＡＣ）に伝達できるよう整備を要求される。

こうした「有事即応体制」を維持しなければならない米ソの両軍事大国は、これに軍事費の相当部分をつぎ込まねばならず、それがまた同時に「教育機関」としての平時の軍隊の役割の発揮に大きなマイナスの影響を与えることは否定できない。

第三節　経済力と軍事力

経済大国は「軍事大国」か

いまの世界に常識というよりも、産業革命以後成立した近代史、現代史の教えるところによれば、経済大国はその経済的基盤を支えるために強大な軍事力を必要とすると考えられている。たとえば一九世紀、世界市場を支配した英国をとれば、世界一の大海軍力を備えており、この海軍力に支えられて、世界の至るところで英国の通商を保護し、さらにまた自由貿易体制を軍事的にバックアップしてきた。

一九世紀後半から急速に成長したドイツ帝国は、経済力の発展と並行して軍事力を強化し、欧州大陸最強の陸軍を整備していった。このドイツの強大な軍事力に対抗するために、一八七〇年のドイツ・フランス戦争で敗北し、アルザス、ロレーヌの両州をドイツに割譲させられたフランス共和国は、これまた全力を挙げて軍備の充実に努力するとともに、ドイツ帝国の東隣ロシア帝国と軍事同盟を結んで、東西からドイツに対する軍事的な牽制効果を狙っていた。その結果、強大な軍事体制がヨーロッパ大陸を支配し、ついに第一次大戦として爆発する。

第二次世界大戦の直前でも、一九三〇年代初頭の大恐慌で経済危機が深刻化した米国、欧州、日本の各国は、経済危機を切り抜けるためにも軍事力の整備を行い、再び勢力圏の再分割をめぐって戦争に訴える政策を互いに推進した。一九三三年、政権をとったナチは、世界恐慌の打撃を集中的に受けた経済の再建を図る一方、ベルサイユ条約によって事実上武装解除されたドイツの軍事力を再び世界最強のものに復活させるべく、驚くほど速いテンポで再軍備政策をとっていた。

このなかで一九一七年、革命が成功して共産党が政権を握ったソ連が一九二八年から第一次五カ年計画を開始し、遅れていたソ連経済の近代化、工業化を推進するとともに、強大な軍備の整備に着手し、当時欧州最大の軍事力を保有していた。

アジアでは、これまた経済危機の打撃を最も深刻に受けた日本は、自国の勢力圏として絶対に確保しなければならないと考えていた中国に対し内政干渉を繰り返しただけでなく、一九三一年（昭和六年）ついに満州事変を起こして中国東北地方を自己の占領下に置いた。

こうした各国の軍備強化政策、再軍備政策が、結果として第二次大戦の伏線になったことは否定できない。当時の世界の常識は経済大国＝軍事大国というものであり、日本のように「経済小国」でありながら、自国の支配権を維持するために、国力不相応の「大軍備」をなんとしても整備しようとあがく国すらあった。

第二次大戦後、この情勢は大きく変わる。それは、第二次大戦の惨禍があまりにもひどかったことと同時に、アメリカの占領下に置かれた日本が、戦前とってきた「アジア大陸の強国」という路線を捨て、「軍事小国」に転換したことと大いに関連がある。

戦前の日本は、「アジア大陸の強国」としての路線を選択したことで、経済力に相応しない強大な軍事力を整備しなければならなかった。第一次大戦後成立したワシントン条約で海軍の軍縮が実現し、さらにまた陸軍も数次の軍縮によって大幅に平時兵力を削減したにもかかわらず、第一次大戦の戦訓を学び取り、急速に近代化した欧州、米国の軍隊と同等の装備を与えることができなかった。その結果、第二次大戦前後の近代軍隊との戦闘、たとえば昭和一三年の張鼓峰事件で、あるいは翌一四年ノモンハンでソ連軍と戦闘を交えた際、明らかに火力装備その他、近代戦に耐えられない劣勢な軍備であることが表面に出たにもかかわらず、ついに第二次大戦で米国、英国など、近代装備を持つ軍隊との戦争に突入してしまった。

第二次大戦が終わって、日本は強制的にアジア全域にわたる占領地域から軍隊のみならず居留民をも撤収せざるをえず、その結果日本は、中国を含め、アジア全体に対する影響力を失った。本州をはじめ四つの島に押し込められた日本は、米国の占領下に置かれて、アジアとのつながりを失い、一方、米国との政治的、経済的な関係を基本にして経済復興を図ることになった。

この過程で、昭和二七年、サンフランシスコ講和会議で平和条約を結ぶ一方、日米安保条約を締結して、日本の防衛をもっぱら米国に依存する体制をつくり上げ、日本の防衛は米国が基本的に担当する一方、敗戦直後の昭和二一年（一九四六年）制定された新しい憲法に、その第九条で「軍備放棄」を織り込み、日本は日本本土を防衛することに国防政策の基本を据えることになった。

戦後の過程で日本は急速に経済を復興させ、いまでは世界のＧＮＰの一割を占める「経済大国」に成長した。この経済的な成長をもたらした要素は多数あるが、戦後実施された一連の政治制度、社会制度の改革と、さらに「軍事小国」路線を選択した結果、軍事費の負担が著しく軽減され、また徴兵制が廃止されたことから国民に広範な自由を与えることに成功したことと深くかかわっている（前掲『世界が日本を見倣う日』を参照）。

だが問題は、いまの世界の常識はあくまでも「軍事力」による自国の防衛の重視である。平和を維持するための基本的な手段は「軍事力の均衡」を達成することにあるとの考え方が世界全体に共通する「常識」である。日本が選択した「軍事小国」路線は、この世界に共通した「常識」にまったく反する路線といわざるをえない。一九七〇年代後半になって、日本の経済力が著しく強化されたのに応じて、米国から日本の「防衛努力不足」を非難する声が高まり、いわゆる「防衛摩擦」が表面に出てきた。これもいまの世界に共通した「経済大国＝軍事大国」という「常識」に立脚してのものである。米国側の主張だけに、日本側もある程度この要求に応じなければならない立場に置かれ、しだいに防衛力の強化を推進する政策が今日まで続いている。

国力相応の軍事力とは

実は一九八五年、昭和六〇年に入って急速にクローズアップしてきたのは、これまで防衛費のＧＮＰ一％にするとの三木内閣当時の閣議決定がもはや維持しえない状態に到達し、これ以上防衛力を強化するというだけでなく、現有勢力の自衛隊を維持していくためにも、防衛費がＧＮＰ一％の枠を超えてしまうという問題である。

これは一九八二年、米国を訪問した鈴木善幸前首相がレーガン大統領との間に防衛力強化の重点を、いわゆるシーレーン防衛に象徴される海上兵力、さらにこのシーレーン防衛のための前提条件となる日本本土周辺の空域を確実に制圧するための航空戦力の充実に同意したことによる。さらにこれを基本とした中期防衛力整備計画を着実に実行することを米国側と合意したことから、この防衛費一％枠突破の問題が一挙に表面化してきたのである。

そこで大きな課題は、「国力相応の軍事力」とはいったい何を指すかの問題である。戦前の日本では、軍事費は国家予算のほぼ五〇％近くを占め、昭和初期の最も経済危機が深刻であった時代でも、四〇％を下回ることはなかった。これは当時のＧＮＰから比較すれば、ほぼ五％台に当たる。

昭和六〇年現在の他の主要国をとっても、欧州では西ドイツがGNPの三・五％前後、フランスでも四％、英国もほぼこれに並ぶ軍事費を負担している。日本の場合と計算の基準が異なるため、日本の防衛費負担のGNP比率と単純に比較することはできないが、それでも日本の防衛費GNP一％という枠は、明らかに他の先進国に比べても著しく低い水準にあることは間違いない。ソ連のようにGNPの一八％近くを軍事費に投入している「軍事大国」を目指さなくとも、中国のような国においてもGNPに対する防衛費の比率はほぼ四％を上回っており、日本の防衛費が相対的に経済力に比較してはるかに小さいことは、国際的な比較において明らかである。

だが、どの程度の防衛費支出が日本の国力に相応しているかを具体的に算定する作業は、これまたきわめて困難である。何より防衛費負担をどの程度の水準にするかを決めるのは、国際環境、すなわちその国をめぐる軍事情勢が決定的な要素である。続いて国民の危機意識あるいは防衛に対する熱意が軍事費の負担率を決めるうえで大きな要素となって登場してくる。

日本の場合、日本をめぐる軍事情勢は、ソ連の脅威を肌身で日夜感じなければならない陸続きの欧州諸国、さらにまた自由世界の主な柱として自由世界全体の防衛に努力しなければならないと考えている米国とは大きく違っている。日本は、現実の問題として、表現はともかく、三つの大きなショック・アブソーバに取り囲まれているといってよい。

その一つは地理的な条件、すなわちソ連との間に陸続きの国境はなく、日本海をはじめ、周辺の海がソ連からの軍事的脅威を緩和する大きな要因となっている。このことを日本の国民は、理論ではなく、肌身で承知している。第二の要素は、日本の持つ強大な経済力、高い技術水準といってよい。もし日本をめぐる軍事情勢が大きく緊張したとすれば、そのときには日本は、優れた工業生産力、さらに高い技術水準を利用して、たちまちのうちに強大な軍事力を整備しうる条件を備えている。前節でも述べたように、日本人の技術的水準が高い今日、近代的な軍隊を構成する兵員の技術訓練も、きわめて短期間に、かつ有効に展開しうるとみてよい。

第三に挙げなければならない要素は、表面化した「中ソ対立」の結果、アジア大陸の軍事情勢、経済情勢は大きく変わった。現在でもソ連の極東に配置した軍事力はきわめて強大には違いないが、その大部分は中ソ国境に展開しており、直接日本に軍事的圧力となって働く兵力はそのごく一部にすぎない。加えて日米安保体制が定着しているため、ソ連と米国との東北アジアをめぐる軍事力のバランスは、全体として見れば明らかに米国に有利である。

この三つの「ショック・アブソーバ」に取り囲まれている日本人にとっては、今日ただいまソ連からの強い軍事的脅威を感じる環境にはない。

さらにまた第二次大戦後、日本が経済的に急成長した結果、日本は周辺のアジア諸国とははるかにかけ離れた高い生活水準、広い範囲にわたる「自由」を国民に保障することができ、経済的にも社会的にも文化的にも、周辺のアジア諸国との間に際立った格差が存在する。この点、経済力においても、また社会生活、文化水準においても、ほぼ同一の水準にある国々が集まっている欧州大陸とは際立った情勢の違いを認めなければならない。

しかもその日本は、第二次大戦で周辺のアジア諸国に甚大な被害を与えた「軍事大国」路線をとった歴史が現存する。この歴史的な経験から、周辺のアジア諸国は日本に対し強い警戒感を今日に至るまで持ち続けており、日本が欧州諸国と同率のGNPに対する比率を防衛費に投入した場合、そこではもう一度大きな格差が軍事力の面でも発生する。これはNATOに属する欧州諸国と日本との際立った違いであって、この違いを無視してNATO諸国と同率の防衛費負担を日本に要求することは、また日本人に求めることは、きわめて困難というより、不可能といわざるをえない。

こうした各種の要素を総合して判断すれば、おそらく日本が「軍事大国」路線に復帰しない範囲で防衛力を強化するその限界は、きわめて低いものにならざるをえない。これはまったくの試算にすぎないが、おそらくGNPに対し一・五%ないし二%以上の防衛費を日本が支出することになれば、中国、韓国を含め、周辺のアジア諸国からの対日反発は今日よりいっそう強いものになると考えてもおかしくはあるまい。

このように「国力相応の軍事力」という概念は、GNPに対し同率の比率の軍事費あるいは防衛費を支出するということではなく、現実の地政学的な環境、とくに軍事的脅威をどの程度感ずるか、さらにまた周辺諸国との格差をこれ以上広げないための努力といった軍事的要素以外の政治的、経済的、社会的、文化的な要因を冷静に比較検討して初めて決定されるべきものといわざるをえない。

経済力に支えられる軍事力

もともと軍隊は「消費」を目的にした集団である。表現を換えれば、「生産」ではなく「破壊」のための武力組織が軍隊といってもよい。したがって軍隊は、自ら兵器、弾薬、糧食、衣料、医薬品、通信器材等々、あらゆる必要とする物資を国内の経済によって補給され、支えられないかぎり、自ら孤立して存在することはできない。

補給を断たれた軍隊は、ごく限られた範囲を例外として、すべて飢餓と病気によって自ら滅亡せざるをえない。第二次大戦中、日本軍はニューギニア、あるいは南方の諸島で米軍によって補給を遮断され、その大部分は、戦闘によってではなく、飢えと病のために命を失った。「自活」に成功したのはごく限られた範囲にすぎない。この経験は、補給路が遮断されやすい海洋での作戦だけではない。一九四二年一一月から翌年一月にかけてスターリングラードで包囲されたドイツ軍は、これまた空中補給によってついに「自活」できず、大部分の兵力を飢えと病によって失ってしまった。こうした経験はこれまでにも繰り返されてきたが、第二次大戦のような大規模かつ近代的な戦争で補給路を遮断された軍隊は、たちまちにして自滅せざるをえないという事情を改めて浮き彫りにしている。

第二次大戦でもそうだが、近代戦争は規模が大きいだけではない、膨大な物資の消耗を伴う。

この消耗に伴って兵員、軍需品の補給を保障されないとき、その軍隊はたちまちにして自ら壊滅せざるをえない。いい換えれば、軍隊を支えるものは経済力であって、軍需品の補給、輸送に必要なあらゆる手段を継続的に、かつ安定して供給できない状態になれば、その軍隊は自滅するほかに選択の余地がない。

同じことが平時にあってもいえる。戦前の日本のように経済力に不相応な大規模な軍備を保有しようとした国は、その結果として、国内の社会資本を犠牲にせざるをえなかった。たとえば日本国内を縦断する自動車専用道路は戦前に一本もできておらず、今日のような高速自動車道路の整備は戦前では夢でしかなかった。大都会であっても、道路の大部分は舗装もないでこぼこ道であり、その結果、最新鋭の兵器ともいうべき零式戦闘機を生産する名古屋の三菱重工業の工場から六〇キロ離れた岐阜県の飛行場まで牛車を使って輸送せざるをえなかった。まことにちぐはぐ、アンバランスな状態が当時の日本の国力を象徴していたといってもよい。

第二次大戦で東南アジアに侵攻した日本軍の将兵を最も驚かせたのは、マレーシアでもインドネシアでもフィリピンでも、実に立派な道路が整備され、至るところで自動車の運行が容易にできることであった。こうした社会資本の充実は戦前の日本では不可能だったといってよい。それは、国力の限界を超える軍備を保有することによって、こうした社会資本の充実に充てるべき財政資金が食い尽くされていたからである。

現在、一段と軍事技術が高度化し、より破壊力の大きい兵器が次々に誕生して、軍隊の構成がこれまた急速に変わりつつある状況のなかで、いっそう軍事力は経済力に支えられる状況が厳しく展開されている。どの国をとっても、軍隊の整備する兵器、弾薬はもちろんのこと、あらゆる軍需品を安定して生産し、供給できる経済力がなければ、軍隊の戦闘力はたちまちにして消耗され、戦力はごく短期間の戦闘によって大幅に低下する。

こうした工業生産力、さらにまた鉄道、道路、あるいは航空路、海上輸送による補給能力の強弱が、軍隊の戦闘力により強く影響を与える時代なのである。

高度な専門教育を受けた技術者集団が軍隊内部に形成されても、かれらがその能力を計画どおり発揮するには、かれらに十分の食糧、衣料、住居、さらに医薬品、燃料などを供給できる補給力がなければならない。それにはまた、トラック、輸送機、貨物船、タンカーなどの大量の整備を必要とする。これらはいずれも、大量生産体制、しかも高度な精度の高い製品を安定した品質で供給できる優れた量産体制をあらゆる分野で確保することが前提条件である。この前提を欠いた軍隊は、ごく短期間に戦闘力を失った。また同時に組織と規律を失った烏合《うごう》の衆になることは、火を見るよりも明らかである。

どの国においても、軍事同盟に参加して自国の安全をその軍事同盟に依存しようとするかぎり、同盟の中心国である米国あるいはソ連と同一の規格で設計され、生産された兵器を共通に使用するとしても、その兵器を維持し、戦闘に使用するには、膨大な食糧、衣料、医薬品、燃料、建設資材などの供給を欠くことはできない。こうした一般民需品に類する物資まで挙げて中心国に供給を依存することは、現在ではもちろん不可能である。NATOに属する西欧諸国でも、あらゆる兵器については、核ミサイルからピストルに至るまで、米軍と共通の規格のものを採用しているとしても、それぞれの国によって伝統も、さらにまた社会的な慣習も生活水準も異なることから、それぞれの軍隊に供給する軍服、食糧、医薬品、燃料などは、やはり自国産のものを使わざるをえない。

こうした物資を十分に供給できるだけの生産能力を欠く国は、同時にまた、毎年繰り返される大規模な軍事同盟加盟国全体の参加する軍事演習によって消耗される物資の補給を確保できないことにもなる。

後方からの十分な、かつ確実な物資の補給を欠いた軍隊は、もちろんのこと実戦ではあっという間に戦力を消耗、その戦闘能力を喪失する。同様に平時にあっても、「有事即応体制」を維持するために必要な膨大な物資を確実に安定し供給できる体制、経済力がない国は、これまた有効な防衛戦略を遂行できないのである。

しかも、ますます軍事技術が進歩していくなかでは、兵器の単価も上昇する一方である。昔は一個師団を装備するのに第二次大戦当時約九〇〇万ドルだった米国でも、一九八五年現在では少なくとも一〇億ドル近い資金を必要とする。実に一〇〇倍以上である。第二次大戦開戦当時、一個機動部隊（空母一隻、護衛艦八隻を標準とする）の建造に必要な経費は、せいぜいのところ五〇〇〇万ドルないし六〇〇〇万ドルだったが、今日では六〇億ドル、すなわち一〇〇倍以上に増えている。

こうした兵器単価の上昇に伴って、より軍事力は経済への依存度を高めることになる。

この意味では、今日「軍事大国」であり続けようとする路線を選択した国では、何よりも逆に経済力の充実を必要とし、そのためには軍備の大幅な「削減」によって経済を再建する路線を選択し、経済力の充実を完了してからのみ、それに相応した軍事力を保有しうる条件を身につけることができる。いい換えれば、これからは軍備それ自体もはっきり経済力による制約をより大きく受けざるをえないことになる。

技術開発力が軍事力を決める

第二次大戦の経験で、軍事力を強化するには、より進歩した技術の研究開発に努力し、それを織り込んだより性能の高い兵器を軍隊に大量に、かつ安定して補給を続けることが戦争に勝利するための前提条件といってよいほど重要な政策課題であることを人々に教えた。開戦当時、米軍よりも一段と優れた性能の戦闘機、零式戦闘機を保有していた日本海軍は、二年たたないうちに米国がより高度な性能の新鋭戦闘機を量産して戦場に送り込み、かつまた戦場での損耗を上回る大きな補給力を発揮するにつれて、太平洋での優位を失い、ついに敗戦に追い込まれた。

日本海軍はもちろん新鋭戦闘機の開発に大きな努力を払ったが、航空機の性能を左右する発動機の技術が米国よりも劣っていたと同時に、量産技術、しかも品質管理の技術に著しい格差があった。そのため、零式戦闘機にとって代わるより性能の高い新鋭戦闘機を量産し、かつまた前線で有効に使用するために欠かせない整備力、あるいは補給力に大きな格差をつけられ、その結果、日本海軍が開戦当初の奇襲作戦で確保した太平洋での制空権、制海権は、間もなく米海軍に奪い返された。

空軍が保有する戦力を十分に発揮できる条件は、装備している戦闘用航空機の性能が優れているだけではない。航空基地の建設、維持能力、また航空基地を敵の空襲から防衛する防空戦力、さらに敵の来襲をいち早くキャッチし、これに備えるための情報収集力、偵察能力、こうした航空基地に展開した空軍に十分の燃料、爆弾、弾薬、兵員の生活資材である食糧、衣料、医薬品を供給するだけの輸送能力等々、あらゆる要素で均衡のとれた、かつまた大量の物資を供給できる経済力を必要とする。

そのなかでも最も重要なのは技術開発力である。日本海軍が第二次大戦で米国海軍に敗れた最も大きな要因の一つは、この技術開発力での格差であった。零式戦闘機に優る新鋭機の開発競争でも、日本軍は米国の比ではなかったし、その前提条件となる航空力学、あるいは機体設計能力の水準にも大きな差があったといわざるをえない。さらにまた、量産体制を支えるための基盤としての品質管理など、第二次大戦中の日本には、およそ思いもつかない分野であり、第二次大戦に敗れた日本は、改めてこうした面での米国の技術水準の高さに目を見張らされたのである。

第二次大戦後の世界では、いっそう技術の開発力が軍事力の強弱に大きな影響力を持つ。核兵器の開発競争を見ても、米ソ両大国とも、国力を挙げて取り組むだけでなく、その運搬手段としてのミサイルの技術は、これまた驚くほどの速度で今日も向上が続いている。とくに最近大きな話題となっている「SDI」(宇宙防衛構想)をとっても、その中心は宇宙空間で飛行中の核ミサイルをレーザー光線あるいはその他のビームによって破壊しようというものであり、それはきわめて高度な技術の開発と総合化を必要とする、米ソ間にはきわめて大きな格差が存在するのも世界の常識だが、その理由は、主としてソ連側に技術の研究開発努力に欠ける面があまりにも多いためである。

一九七〇年代に世界経済を襲ったインフレと「石油ショック」は、自由経済体制のもとではすさまじい「省エネルギー」努力をどの企業にも要求した。「省エネルギー」を成功させようとすれば、技術水準を向上させ、技術革新を一段と進める以外に方法はない。

「石油ショック」を先進工業国のなかで最も早く、かつ有効に克服することに成功した日本では、この過程ですさまじい技術の研究開発努力を推進してきた。それは単に新製品の開発というだけではない。鉄鋼業のようにエネルギーを大量に消費する産業では、新しい技術、たとえば連続鋳造、高炉頂圧発電などを次々に導入するとともに、コンピュータによる生産工程の管理技術を進歩させ、全体としての不良品の発生率をおそるべき低い水準に抑え込むことに成功したからこそ、「省エネルギー」が結果としてもたらされたのである。

家電業界をとっても、七〇年代から八〇年代にかけて、半導体を大量に導入する一方、設計技術あるいは生産技術を改善して、家電製品の電力消費量をほぼ五〇％削減することに成功した。また生産コストの切下げに最も有効な方法は不良品の発生率を極度に抑えることだと理解した企業経営者は、企業内でのＴＱＣ（トータル・クォリティ・コントロール）を導入し、徹底して不良品の発生を抑制するために各種の技術を導入した。そうだからこそ、日本製品は世界で最も安定した品質と、故障のない、信頼性において他国の企業を圧倒する地位に到達したのであり、その行き着く先が、世界一の保有量と、同時にまた生産量を誇るロボットの導入でもあった。

さらにまた、こうした優秀な生産技術を支えるものとして、これまた世界で最も優れた製品の素材（金属、プラスチックスなど）を量産するだけでなく、その品質を世界最高のものに維持する技術が次々に開発され、その結果、八〇年代に入って、日本の工業製品はほとんど例外なく世界最高の品質を確保できるようになった。このプロセスで急速に発達したエレクトロニクス技術を駆使して、半導体、コンピュータの技術が驚くべき速度で進歩するなかで、これまた日本の企業は自由世界のなかで最強の競争力を身につけている。

同様に、日本と直接国内市場、世界市場で競争を余儀なくされる米国の企業も、これまたすさまじい勢いで技術革新に努力し、この両国はいまや世界の工業生産のなかで最高のシェアを確保する状況を作り出した。このように「石油ショック」は「技術革新」を推進する絶好の環境となったからこそ、西側世界は八〇年代に入ってのインフレ鎮静に見事に成功しただけでなく、これを武器にして再び自らの優位を確保できるようになったのである。

その最大の原動力は、七〇年代に一バーレル＝二ドルから公示価格で三四ドルに急上昇した石油の値上がりをどのようにして克服するかという、民間企業の積極的な姿勢であった。だが、こうした石油の値上がりを共産圏諸国はついにうまく利用できなかった。その理由は、計画経済体制をとり、あらゆる商品の価格を中央政府が決定するという制度が原因である。

石油価格が急速に上昇するなかで当然、石炭、天然ガス、あるいは水力、原子力といったエネルギー価格もこれに正比例して上昇する。この国際的なエネルギー価格の上昇に対し、計画経済をとっている国々では、政府がエネルギー価格を統制している結果、国際価格に相応した値上げができない。エネルギー価格が大幅に値上がりすればこそ、また同時に自由な競争の支配する市場があればこそ、生産コストにその上昇を反映させまいと民間企業は必死の努力を払う。こうした経済的な刺激は、計画経済体制をとる国にはもともと存在しない。

その結果、七〇年代に共産圏と自由主義諸国との技術水準の格差は競争に拡大し、ソ連をはじめ共産圏諸国は、六〇年代までの大きな成長力を失っただけでなく、ポーランドが最もその典型的な例だが、大幅に経済を縮小せざるをえない深刻な危機に直面した。

これが軍事技術にも当然反映する。エレクトロニクス技術の開発に大きく立ち遅れたソ連では、戦闘機、爆撃機など航空機はもちろん、戦車をはじめ、地上兵器、原子力潜水艦を中心とする軍艦についても、技術水準が西側より一段と劣る状況に追い込まれている。今日ではソ連製の兵器と米国製など西側諸国の生産する兵器との間にはかなり大きな技術水準の格差が現存する。その結果、唯一の国際競争力ある工業製品とさえいわれてきたソ連製の兵器は、最近では発展途上国向けですら競争力を失い、中東での実戦の経験を通じても、米国製、イスラエル製の兵器に一段と劣るとの評価が定着しつつある。

さきに述べたように、「情報化社会」に参入しつつある西側自由主義諸国では、いっそう民間企業が主体となって技術の研究開発に努力しつつある。しかも、自由競争が支配する市場では、技術の研究開発競争が熾烈《しれつ》をきわめ、この分野での競争に敗れれば、そのまま倒産に追い込まれてしまうとの危機感が自由主義諸国の企業経営者の頭を支配している。

もともとすべての企業が国家の所有である計画経済をとっている共産圏では、自由な競争の支配する市場は存在しない。また、中央政府の指示どおりの物資を、指示どおりのコストで、指示どおりの数量を生産しさえすれば、自らの責任を果たしたと評価される国有企業の経営者にとっては、わざわざ大きいリスクをかけて新鋭設備を導入するインセンティブがない。

ソ連でも大規模な研究所あるいは研究センターが多数存在し、そこではかなりのところまで進んだ技術の開発が行われていることも間違いない。だが問題は、こうした研究所で開発された技術がそのまま生産現場に導入できず、生産現場と研究所との結びつきあるいは相互交流が自由市場の存在する西側諸国に比べてはるかに弱いという点が、計画経済を建前とする共産圏諸国にとっても最も克服しがたい難問題になりつつある。

ソ連の軍部はこれまでも、自らの必要とする新しい兵器の開発あるいはまた生産について、割り当てられた軍事予算の額など無視して一方的に自らの必要に基づいての生産を行う、半ば独立した体制のもとに置かれてきた。それだけソ連にとっては国防が国家の最重要課題であるとされてきたのである。だが、こうした優先順位の高い軍部でさえ、最新の軍事技術の開発にあたって、またそれを量産するうえで最も重大な問題は、西側諸国ならいくらでも入手のできる安定した、かつ性能の高い、品質の均一な部品、たとえば半導体をほとんど入手できないという点である。

軍需工場で必要とする半導体の供給を担当する電子機械工業省に属する企業では、いま西側では主流となりつつある二五六ＫＢＲＡＭとは比較にならない四ＫクラスのＬＳＩをようやく中規模に生産できる体制ではないかと見られている。集積度において六〇倍以上も開く半導体を使用するとすれば当然、あらゆる電子機器が重く、かつかさばる、容積の大きなものになる。これでは、軽量、小型、かつ扱いやすさ、さらに高性能を持たなければならないミニコンそれ自体を、航空機、ミサイル、戦車、潜水艦に組み込むことはきわめて困難である。

こうした半導体を中心として文字どおり日進月歩以上の速度で開発が進むエレクトロニクスの分野でソ連が決定的に米国をはじめ西側諸国に立ち遅れているため、さきに挙げた「ＳＤＩ」

に対抗してソ連が宇宙軍備を本格的なものにできる見通しはほとんど見当たらない。「ＳＤＩ」が本格的に実用化されるには、もちろん米国といえどもかなり長い期間と膨大な研究開発費を必要とし、それも自国だけの負担で賄い切れないことは誰の目にも明らかである。米国と並んでエレクトロニクスの分野で驚くべき成功を収めた日本の協力が「ＳＤＩ」を成功させるための前提条件とすらいわれるのも、まさしくこうした事情があるためである。

ソ連の同盟国のなかには、日本に匹敵する有力な、かつ高い技術水準を持つだけでなく、開発力に優れた工業国がいない。東欧の衛星国のなかで最も技術水準の高い東ドイツも、実はエレクトロニクス技術に関しては西ドイツにすら一歩立ち遅れている現状である。まして日本とは比較にならない遅れた技術しか東ドイツは持っていない。

となれば、日本の存在が、米国にとってももちろんのこと、ソ連にとっても、技術の開発を中心とする分野に限定すれば、まさしく決定的な意味を持つ時代が到来したといってもよい。それは技術開発や軍事力の将来を左右しかねない新しい情勢がすでに生まれたためなのである。

これから二一世紀にかけて、ソ連を中心とする共産圏諸国は、ますます速度を上げていく西側自由主義諸国の技術の研究開発に比べて、もちろん大きな努力を払ったとしても、一段と格差が広がる情勢を覚悟しなければならず、それがまた軍事力にもすでに反映しつつある。二一世紀にかけてさらに技術格差が開いていくとすれば、おそらく軍事力の優劣比較においても、東側は西側に数歩譲らなければならない状況が必ず生まれるに違いない。

第3章　活力をもたらす組織

第一節　勤労意欲の指標

無断欠勤率と脱走

軍隊も企業も、同じく人間の構成する集団である。もちろんその目的は大きく異なる。企業の場合であれば、自由な競争の支配する市場で、他の企業よりもより優れた性能の、しかも故障のない、信頼性の高い商品を、より安いコストで生産できる企業が、競争にうち勝って発展し続けることができる。

軍隊の場合であれば、同じく人間集団とはいえ、その目的とするのは、軍隊を支配し、統制する国家権力の指示、命令に従い、敵対する軍隊を破壊し、敵国を破壊することに成功するのがその目的である。

同じく人間集団とはいえ、民間企業は「生産」を通じて競争にうち勝とうとするのに対し、軍隊は「破壊」を通じて自らの主人である国家権力の命令を実行する。こうした違いはあるとしても、同じく人間集団であるかぎり、企業も軍隊も、それに属する人間のやる気を極度に高めて、それを持続する必要に迫られている。

著者の意見では、こうした「やる気」を数量的に表現するものとして、民間企業の場合は「無断欠勤率」を挙げなければならず、軍隊の場合であれば「脱走」を、いわば軍隊を構成する人間たちの「やる気」の指標として取り上げる必要がある。

経験的にもまた歴史的にも、民間企業での勤労意欲が高まれば、当然「無断欠勤率」は大幅に低くなる。日本の例を見ても、第二次大戦の末期、陸軍が所有し、運営し、かつ兵器の生産を担当していた大阪陸軍造兵廠では、夜勤者の出勤率が平均三〇％、つまり夜勤に出てくるべき従業員の七〇％は「無断欠勤」をしていた。

戦争末期だから、当然のことながら食糧は乏しく、かつ米空軍の空襲によって被害を受けたため、交通機関はその機能をマヒさせられ、かつまた遠く離れた疎開先から出勤しなければならない従業員は、満員の電車、汽車に何時間も乗らなければならない状況だった。

こうした生活そのものの崩壊に直面したとき、大部分の陸軍造兵廠従業員は、当時、陸軍造

兵廠の従業員を監督する立場にあった憲兵の厳しい監視があろうと、出勤して仕事に励むより

は、まず自分自身と家族の生活を守るために、無断欠勤をあえてしても、農村に買い出しに出かけなければならなかった。

戦時中、厳しい統制と監視のもとに置かれてすら、七〇％もの無断欠勤率を示した陸軍造兵廠の従業員たちは戦後、軍が崩壊し、その職を失い、民間企業に職場を求めなければならなくなったが、その同じ日本人が、現在では一ｐｐｍ（一〇〇万分の一）に等しい低い無断欠勤率しか見せない。ここでは、その驚くべき開きと同時に、あまりにも高い勤労意欲を徹底して身につけさせた日本の経営者の人事管理、企業管理の腕前のすばらしさに驚かされる。

米国をとっても、第二次大戦中、軍需工場で働く労働者の欠勤率は平均二％だったといわれる。さきに挙げた日本の同じく軍需産業労働者の無断欠勤率と対比すれば、その際立った低さがわかる。だが、七〇年代に入って、二桁インフレが進行し、実質賃金が切り下げられるにつれ、また同時に米国の企業経営者たちが徹底した「減量経営」への努力を放棄するにつれ、米国産業の労働者は無断欠勤率を高めている。一九八一年に米国最大の鉄鋼メーカーUSスチールでは、一二％の無断欠勤率を記録した。これは紛れもない事実である。

その後、インフレの鎮静が進み、かつまた企業経営者が徹底した「減量経営」に取り組み始めるとともに、この無断欠勤率の低下が起こり、八四年には一％台に落ち込んでいる。これほど際立った無断欠勤率の変動は、結果としていえば、インフレによる生活苦の解消、さらにま

た企業経営者が本格的に「減量経営」に取り組み、これに協力する以外に自らの職場を確保できないと米国の労働者が考え始めたためである。

ソ連の経済危機も、実はこの「無断欠勤率」からその深刻さをうかがうことができる。一九八三年、政権に就いたアンドロポフは、徹底した「無断欠勤率」のキャンペーンを行った。その当時、伝えられるところでは、モスクワですら三〇％の無断欠勤率が普通とされる。米国に比べても、ソ連の労働者は一段と勤労意欲が低いといわざるをえない。まして日本の従業員とはおよそ比較にもならないほどの大きな差が勤労意欲にあるといって間違いない。

民間企業の「無断欠勤率」の高低が勤労意欲の強弱を反映するとすれば、軍隊においては「脱走」が軍隊を構成する兵員の戦闘意欲、やる気の指標になる。どの国でも軍隊にとっての最大の敵は「脱走」である。もし戦場で敵軍に味方の軍隊から次々に「脱走」兵が発生したとすれば、味方の軍隊の作戦計画はもちろん、作戦への取り組みの姿勢、補給状態等々、あらゆる情報がそのまま敵軍に筒抜けになることを意味する。

それだけではない。「脱走」を図ろうとする兵員が、自らの属する軍隊が敗北することを望むという奇妙な立場に置かれている。第二次大戦では、ドイツ軍はポーランド系の青年を武装親衛隊に編入してイタリア戦線で戦わせた。そのさいに多くのポーランド青年、あるいはいったんドイツ軍の捕虜となって再び武器をとると誓約したロシア人青年たちに、もう一度ドイツ軍から「脱走」させようとする工作が連合軍側から執拗《しつよう》に繰り返された。

第一次大戦でもそうだが、異人種を軍隊内に含んでいる場合には、自民族の独立を求めて敵の戦線に集団的に「脱走」するケースが多発した。オーストリー・ハンガリー軍では、チェコ人で構成された部隊がロシア軍に、同じスラブ民族に属するとして集団「脱走」したり、ルーマニア人で編成された部隊が、同じくラテン系民族に属するイタリア軍に集団「投降」する場合、さらにまたドイツ軍に徴集されたアルザス、ロレーヌ州出身の青年がドイツ軍の支配を嫌ってロシア軍あるいはフランス軍に脱走するケースも、これまたきわめて多かった。第二次大戦中でも同様に、ドイツ軍に編入されたポーランド青年あるいは捕虜になったロシア兵が再びドイツ軍に勤務するケースが少なくなかったが、彼らもまた機会を見てドイツ軍を「脱走」しようとするケースがきわめて多かったようである。

こうした異人種の兵隊が民族独立を狙って集団的に投降あるいは「脱走」するケースは第二次大戦中のマレー作戦でも発生した。米軍に編入されていたインド人兵士が日本軍に集団投降したりあるいは「脱走」するケースが、インドの民族独立運動と密接不可分の関係にあったことはよく知られている。同様にまた、日本軍の支配下にあった「満州国軍」に属する中国人兵士がノモンハン事件でソ連軍に「投降」したこともあり、さらにまた中国戦場では、日本軍の支配下に組み入れられた中国人部隊は、たえず中国共産党の秘密工作を受けて日本軍に離反し、叛旗を翻す場合も少なくない。同様に第二次大戦末期、日本軍の手で設立されたビルマ国軍が、戦勢の不利になった日本軍を見限り、反乱を起こして日本軍と闘った事件も発生している。

こうした民族独立運動あるいは政治運動と密接な関連のある「集団投降」あるいは「集団脱走」とはまた別に、個別の兵士が自国軍を「脱走」するケースもこれまたよく起こったのである。軍隊内で規律に従って勤務する意欲を失った兵士は、堪え難い抑圧から逃れる手段として、一つは「脱走」を行い、他方では「自殺」する。戦前の日本軍でも、陸海軍を問わず、そうした兵士の「脱走」はきわめて頻繁に発生したようである。正確な統計資料が失われている今日、その具体的な比率を探り出すことは不可能に近いが、軍隊と「脱走」は、いわばつきものといってよいほど、密接な関係にあった。民間企業の無断欠勤に相当する軍隊での「脱走」あるいは「自殺」は、そのまま兵員のやる気、すなわち積極的に軍務に服しようとする意欲が失われたことを意味する。

こうした「脱走」を防止することは、戦前の日本軍では軍隊指揮官のすべてを通じて最も重要な職務の一つとみなされた。兵営で訓練を受けている新兵が、あまりに厳しい訓練と上級者のいびり、いじめに耐えられず「脱走」するケースは、ほとんど例外なくどの部隊でも発生する。指揮官の役割は、こうした「脱走」を極力防止するため、訓練にあたっても、それぞれの新兵の肉体的条件あるいは家庭事情を考慮して個人差を認める一方、家庭事情についても十分の情報をえて、家庭内に深刻な問題を抱えている兵員には、それなりに外出その他の配慮を行って、できるかぎり「脱走」の発生を防止する義務を負わされていた。

海軍の場合は、軍艦が海上に出勤している時期は「脱走」は不可能である。母港に帰ってきて休養あるいは修理の時期を迎え、乗組員に上陸が許されてからはじめて「脱走」の機会が生まれる。これを防止するため、海軍では厳しく検問を行い、軍港に近い鉄道の駅では、たえず憲兵と巡邏《じゅんら》が見張って、許可なく遠い距離の旅行を試みる兵員を摘発するなどの措置を講じていた。

現在でも「脱走」はどの国の軍隊にとっても頭痛のタネである。米軍のなかで最精鋭をうたう海兵隊でも、一一週間の基本訓練を受ける新兵たちは、あまりの厳しさに耐えかねて、訓練の途中で除隊を申し出る場合が少なくない。かれらは「脱走」するか、それとも「自発的な除隊」の形で軍隊を逃れようとする。志願兵制をとっている軍隊では、「脱走」はそのまま職業としての軍人の生活をあきらめる「退職」である。強制的に兵役に就かせる徴兵制のもとでは、こうした自発的な解職を許すわけにはいかないため、勢い兵員は「脱走」を試みざるをえない。

この意味では、志願兵制の軍隊では、「脱走」の代わりに「自発退職」という選択が認められ、それだけまた勤労意欲に匹敵する服務意欲が高いといってよい。

この点、徴兵制の軍隊では、「脱走」がそのまま「服務意欲」の低下を反映する指標となるのである。

犯罪発生率と規律

無断欠勤率に示される勤労意欲の強弱は、民間企業の場合には人事管理あるいは経営管理の最も重要な手掛りである。と同時に、「無断欠勤率」の高さは、当然のことながら職場内の規律の崩壊を意味している。

日本の場合、たとえば金融機関で「無断欠勤」が発生すれば、その支店あるいは担当部署の管理職者は、まずマイナスの評価を覚悟しなければならない。金融機関で「無断欠勤」が万一発生したとすれば、支店長以下管理職者はまず、かれの担当していた業務に不正行為がなかったかどうか、たとえば預金係ならば、顧客から預かった預金を猫ババしていないかどうかを徹底的にチェックする。もちろん本人の自宅に担当者を派遣して本人の所在を確認することも重要な仕事の一部だが、それにも増して「無断欠勤」はそのまま汚職につながる、あるいは横領につながる危険が経験的に確認されているからである。

同じように軍隊にあっても、「脱走」に示される「服務意欲」の低下は、そのまま軍隊内の規律の崩壊であり、それは軍隊内での犯罪発生と密接に結んでいる。「脱走」が増加すれば、必ずその部隊の規律が緩み、兵員の団結が崩壊し、さらにまた上官の命令に従わず、定められた規則を無視する規律違反が数知れず存在すると見なければならない。これが一歩進めば、窃盗、強盗、さらに殺人、傷害といった重大犯罪を多発させる無規律状態が軍隊内に発生することでもある。

人間集団ではいつもそうだが、犯罪の発生と規律の崩壊とは直接大きく関連する。逆にいえば、犯罪発生率を子細に点検することで、規律の強さ、弱さを判断することも可能である。規律の確立している人間組織では、内部での、あるいはその組織を構成する人間たちの犯罪発生が著しく減少する。逆も真である。

この意味では、軍隊の規律の高さ、さらにまた士気の高さを測定する手段として、犯罪発生率は最も有用な指標である。たとえば日本の自衛隊員が在職中に殺人事件を犯す確率は一〇万人当たり〇・一件にすぎない。過去一〇年間の実績を見れば、現職の自衛隊員が犯した殺人事件は二件であり、これは総員二〇万人に対する一〇年間の実績だから、年間当たりに換算すれば一〇万人当たり〇・一件となる。これは自衛隊員以外の一般国民が犯す殺人事件一〇万人当たり二・八件に比較して著しく優位の差がある。

もともと日本は他の国に比べて犯罪発生件数が著しく低いという特徴があり、殺人事件をとっても、日本では一〇万人当たり二・八件、米国ではほぼ八件、英国あるいはドイツ、フランスなど欧州大陸の先進国でも、これまた六件近い殺人事件が発生するから、日本はそれだけ犯罪の発生件数が低いといってよい。

窃盗あるいは強盗などの財産犯罪に関してはもっと大きな差がある。日本では強盗事件の発生件数は、東京のような大都市でさえ、一〇万人当たり九件にすぎないが、米国のニューヨークをとれば、一〇万人当たり約九〇〇件と、一〇〇倍もの開きがある。それだけ東京の治安はニューヨークよりもはるかによいといえる。

こうしたもともと犯罪発生の少ない日本でも、自衛隊員の犯罪発生件数はこれまた驚くべき低さであって、これを指標とするかぎり、日本の自衛隊は世界で最も規律正しく、同時に士気の高い武装集団と評価することができよう。こうした極端に低い犯罪発生率が示す士気の高さは、武装集団として最も重要な意味を持つ。率直にいって、これこそ戦前の日本軍隊と戦後の自衛隊とを区分する最大の違いだからである。

とくに重要なのは、戦後の日本が持っている自衛隊は、与えられた武器を使っての殺人、傷害はまったく発生していない。精神異常者がたまたま紛れ込んで同僚の隊員を殺傷した事件はもちろんあるけれども、これは精神異常者を採用したという採用のずさんさを意味するだけである。他の国では、与えられた武器を使って民間人を殺傷する事件がこれまたきわめて多い。戦前の日本軍では、五・一五事件のように、現役の将校あるいは士官が自ら、与えられた武器を使って上官あるいは総理その他政府の中心人物を殺傷する事件が頻発した。これは、軍隊内の規律が崩壊し、命令に対する服従を基本とする軍人の義務を無視する将校あるいは士官がいかに多かったかを示している。

こうした将校あるいは士官に指揮されている兵隊にも、当然のことながら、上官の命令を無視し、あるいは定められた軍の規律を捨てて自分勝手な行動に走る「無秩序な暴力集団」に成り下がったことがある。昭和一二年（一九三七年）に発生した日中戦争でも、日本軍の残虐行為あるいは民間人に対する掠奪、暴行、殺人といった不祥事件が頻発したのは、こうした軍内部の規律の崩壊がすでに広範に広がっていたためといわざるをえない。それがまた戦場となった中国で、中国人たちのすさまじい反発を生み出す大きな要素になったことも否定しがたい。同様に日本国内においても、軍の意向に従わない人々に対し「反軍」いう烙印《らくいん》を押し、軍の思いどおりになる政治あるいは社会体制を築き上げようとする一方的な横暴を生み出す背景でもあった。

こうした軍内部の規律の崩壊は、そのまま敗戦後急速に高まった「反軍」ムードを生み出す最大の要素であって、良心的な職業軍人にまでその累が及んだということは事実だが、現実に軍人、とくに軍内部の規律の維持に責任のある指揮官たちが自ら軍の規律を破って恥じないという状態を生み出したこと自体、職業軍人全体に共通した責任を問われてもやむをえない。

服従は軍規の基本

強力な殺傷能力、破壊能力を持つ兵器を与えられている軍人は、その行使にあたって慎重でなければならない。最も大切なことは、国家の権力を行使する立場にある政府の最高首脳の命令に忠実に服従してこそ、かれらにはこうした殺傷力、破壊力の大きい兵器を預かる資格がある。もし政府首脳あるいは国家の首脳の指揮命令に従わない武装集団があったとすれば、かれらは国家の秩序を破壊し、社会の秩序を崩壊させ、自らの利益のみを追求する盗賊の集団と変わることはない。したがって、軍人に課せられた最低限度の義務は、上官の命令に服従するということである。これこそが軍の規律を維持する基本といってよい。

民間企業の場合なら、また志願兵制の軍隊なら、上官の命令に、または経営者、上級の管理職者の指示命令に従いたくないと思えば、自発的に退職することが許される。だが、徴兵制、すなわち国民の義務として軍隊に編入された兵員を主体とする徴兵制の軍隊では、その指揮を担当する将校、士官たちは、絶対に上官の命令に服従する義務を自らに課さなければならない。もしこの義務を放棄すれば、そのときには徴兵制軍隊は指揮官の「私兵」（私の兵隊）に転落する。この意味では、昭和二〇年八月一五日、終戦の大詔が下されたその日に、自ら一一機の特攻機を率いて沖縄に「出撃」しようとした第五航空艦隊司令長官宇垣纏《まとめ》中将の行為は、それこそ「私兵特攻」と非難されても弁解の余地はあるまい。

軍人の基本は上官の命令に絶対の服従をすることである。当時の日本海軍の統帥権、すなわち最高の指揮権を握っていた天皇の命令、すなわち戦闘行動を停止し、連合軍に降伏するという命令に従うことができないと感じた指揮官は、自らの命を自ら断つ、すなわち自決することだけが許された道であって、部下を率いて特攻「出撃」する決断を変えようとしなかった宇垣中将は、それこそ軍人の基本的な義務を自ら放棄したとそしられても仕方あるまい。

志願兵制の軍隊ではなおのこと、職業としての軍人生活を自ら望んで入隊した以上、より軍の規律、すなわち命令に対する絶対の服従の原則に忠実に従わなければならない。徴兵制の軍隊における服従よりも、志願兵制軍隊における服従、すなわち軍の規律は一段と強いと評価されるのも、実は次に述べる理性ある服従の精神が末端の一隊員にまで徹底するからである。

理性ある服従

徴兵制軍隊のもとでも当然だが、義務として軍人になるよう国家に強制された青年たちは、自らの生命を犠牲にして国家の政策を遂行する義務を負わされている。しかしながら、自らの選択によって政府と、その政策を徹底して支持しようと決意している場合は、自らの選択したものであるだけに、自発的に義務としての軍務を遂行しようとする意欲を持つことができる。

議会制民主主義の国では、政権に就いた与党は、選挙によって多数を制した政党である。だが、徴兵制によって軍隊に義務として入隊した青年たちは、必ずしもそのときの政府与党を支持する立場にあるかどうかは保証の限りではない。それだけに、こうした選挙によって選ばれた多数党が政権を保持し、そのもとで多数党の示した政策を遂行するため自らの生命をも犠牲にするという考えをどのようにして野党を支持する青年にも植えつけることができるか、これが大きな課題となる。

もちろん戦時になって自国の防衛を、さらにまた自国を攻撃し、侵略する敵国を撃破するために国家の総力を挙げて努力しなければならない情勢では、こうした政党政治に伴う政権交代からくる政策の変動あるいは変化にそのまま忠実に従う必要性を軍隊に入ってくる青年たちに説明し、容易に説得できる条件がある。

職業としての軍人としての生活を選ぶ志願制の軍隊では、どのような政党が国家の権力を握り、政府の責任者になろうと、政府首脳の、すなわち国家権力を握る最高権力者の命令には、その内容の如何を問わず、無条件に服従することこそ、彼の職業的な軍人生活を支える基盤であると説明すれば、職業としての軍人生活を選んだ青年にも十分理解ができるはずである。

だが徴兵制の軍隊では、野党を支持する青年が強制的に軍隊に編入され、自らの生命を賭して反対党の政策を遂行しなければならないとすれば、そこに大きい心理的な葛藤《かっとう》が生ずることは避けられない。この葛藤を抑制し、さらにまた積極的に与えられた任務を遂行させようとすれば、政治的な選択以外にプラスアルファが必要である。

それが同じ隊で訓練され、勤務している「戦友」たちとの友情であり、かつまた長い歴史の伝統に基づく部隊の団結に傷をつけてはならないとする感情であり、さらにまた、政党の如何を問わず、政府の首脳部の示す政策に積極的に協力すること自体、長い歴史と伝統を持つ国家に奉仕する道であるなど、いろいろな手段での説得が必要である。

この説得が十分であれば、必ず理性ある服従がいかに必要であるかを、政治的な立場を超えて、すべての青年に理解させることができよう。いい換えれば、こうした「理性ある服従」をどのように育てるかが、近代軍隊での戦力を発揮するうえでの最も重要なポイントになってくる。

本能

率直にいって、人間には強い闘争本能がある。あらゆる動物がそうであるように、人間もまた動物の一種であって、自らの権威と発言権を主張し、地位を高めるためには、競争相手と厳しく闘って相手を圧倒しなければならないという感覚あるいは本能が誰しも身についている。

日本のように戦後「平和国家」であろうとする路線を選択したとしても、それはわずか七〇年の歴史があるにすぎない。人類が発生してこの方数千年間、人類の歴史はたえざる闘争の歴史であって、この闘争を通じて人類は今日の姿を築き上げることができた。この長い歴史はそのまま、人類に強い闘争本能を植えつけるポイントでもある。

いまの日本ですら狩猟がきわめて盛んである。猟銃を使って罪もない鳥、けだものを撃ち殺すということ、これは一見きわめて野蛮な行為だが、これを喜ぶ人がかなりの数にわたって存在するということ、これはいまでも「平和国家」の日本ですら闘争本能が消えたわけではないことを示す。ましていまの世界は、「常識」として軍事力を重視し、軍事力の強化が平和の維持につながるという発想で共通している以上、どの国においても闘争本能の強い人々が数少なからず存在する。

この本能も、軍隊にかぎらず、あらゆる人間集団に共通のものであって、これをすべて否定することは、やはり人間を人間らしくしている何かを否定することにつながりかねない。この点も、企業であれ、軍隊であれ、人間集団であるかぎり、重要な無視しがたい要素として、運営にあたって考慮の範囲に入れておく必要があろう。

第二節　やる気を引き出す条件

企業であっても軍隊であっても、あらゆる人間集団で活力を維持するための最も重要な手段は、経済的な刺激である。軍隊のように極度に官僚化され、一兵卒から元帥に至るまで、きちんと階級が定められている人間集団の内部では、階級を追って昇進するにつれ、すなわち上級の階級に対しては、より高い給与が支払われ、経済的刺激を与えるが、これは、後で触れる昇進制度と直結している。

これに対し企業では、経済的刺激が、やる気を引き出す手段としてより高い地位、またより強い効果を持つ。つまり、定まった給与のほかに、業績あるいは特別の功績によって、臨時の給与、たとえばボーナスを支給し、その額をそれぞれの業績あるいは功績の評価に応じて変化させることができるからである。また、昇進以外にも、同一の職階、たとえば課長なら、その範囲内で給与の幅をそれぞれ任意に決めることができ、軍隊のように階級が上がらないかぎり同じ給与しか支払われないという制度は存在しない。

もっとも軍隊内部でも、勤続年数が増えれば、それに応じてより高い給与を支払う制度が古くから導入されていた。これは、昇進の速度が遅いという条件もあって、勤続年数が長くなるにつれて、それに応じた給与の引き上げを行わなければならないという事情があるためである。

全体としていえば、官僚化された人間集団、すなわちすべてが規則ずくめあるいは法律に基づいてのみ行動することが許される人間集団では、軍隊と同様、階級と給与とが密接に結びつけられる傾向があり、それはまた、やる気を引き出す手段としての経済的刺激を与えるうえで大きな制約を課している。

勲章の役割

人間は「パンのみにて生きるにあらず」といわれる。つまり、特別の功労あるいは成功を収めた場合にその功績に報いるために経済的刺激以外の手段をとることも、やる気を引き出すうえに大きな効果を持つ。

どの国の軍隊においても、こうしたやる気を引き出す手段として「勲章」が大きな役割を果たす。戦前の日本陸軍、海軍では、戦場で特別の目立った功績をあげた軍人に対して「金鵄《きんし》勲章」を授与する制度があった。上は功一級から功七級まで七階級に分かれていたこの「金鵄勲章」は、いくら長い間軍隊に勤務しても、戦場で目立った功績をあげないかぎり絶対に授与されなかったから、戦場で功績をあげようと軍人たちは必死の努力を払ったのである。

同様に、どの国の軍隊においても、戦場での働きに応じて「勲章」を授与する制度を持っている。有名な例だが、一九世紀初め、フランス革命当時、ナポレオンは「レジョン・ド・ヌール」勲章を制定し、戦場で功労のあった将兵を表彰しようとした。また英国には、これまた「ビクトリア勲章」があり、米国でも「議会勲功章」が存在する。ナチ・ドイツでは、これまた有名な「鉄十字勲章」が制定されていた。いずれも日本の金鵄勲章と同様、戦場で功績をあげた軍人に対し授与される勲章である。

こうした勲章を授与される軍人は、戦場での功績を高く評価されたことを誰の目にも明らかにする証拠として「勲章」を受け取るのであり、公式の行事にあたっては、勲章それ自身を胸につけて出席し、それ以外の日常の生活においても、「略綬」の形で、表彰を受けた軍人であることを誰の目にも明らかにすることができた。戦後の日本では、こうした制度が廃止され、いまの自衛隊には「勲章」を現職で与えられている隊員はいない（※平成一四年に佩用《はいよう》制度の変更が行われたが、現職では与えられていない）。

問題はこうした「勲章」をいつ、いかなる場面で、誰が授与する権限を持っているかである。たとえば第二次大戦中ドイツ陸軍では、最も初級の「勲章」である鉄十字章二級は、約二三〇万人と、ほぼ五人に一人の割合で軍人に授与した。だが、上位になればなるほど、同じ「鉄十字勲章」であっても、授与される軍人の数が減る。たとえば最高位に属する「ダイヤモンド付騎士十字章」を受けた軍人は、一三〇〇万人にも達したドイツ軍人のなかで、たった一三名である。同様に米軍をとっても、最高位の「名誉勲章」（議会がその決議によって与える勲章）を受けた軍人は二八九名であり、これまた陸海軍合わせて一六〇〇万人のなかから見れば、きわめて少数であるといわざるをえない。その一方で、米軍でも最下級の青銅勲章は合計三〇〇万人近くに授与されている。

こうした下級の「勲章」を授与する権限を中央の管理者が握っているか、それとも現場の指揮官、つまり第一線で戦闘を指揮し、どの軍人がどのくらいの功績をあげたかを現場で見聞きした直接の当事者が与えるかは、大きな違いがあるといえる。

第二次大戦中の日本陸軍、海軍とも、戦闘が一段落した後、指揮官の最も重要な業務の一つは、この勲功調査であった。「殊勲甲」「殊勲乙」「殊勲丙」と、それぞれの段階に応じて、戦場であげた功績を現場の指揮官が評価し、これを上級の司令部に報告した後、今度は連隊ごと、師団ごと、軍ごとに、それぞれの評価を与えて序列を決め、その結果を東京の「功績調査部」に送り、そこでまた全軍的な規模で評価をし直して、「勲章授与」の基準とするという制度が、第二次大戦中一貫してとられていたのである。

この制度では、最大の欠陥として二つのことが挙げられる。第一は、戦場で大きな功績をあげても、ごく一部の例外を除いて、それが結果として勲章の授与となるまでに長い時間がかかること。第二には、本人の主観的な評価とまったく別の基準で評価が行われ、本人は大きな功績をあげたと考え、また同じ部隊に勤務している軍人たちも彼の功績を高く評価しているのに、それが中央部では必ずしもそのままの評価で「勲章」を授与しないという評価のズレが目立つことである。とくに、遠く本土を離れた海外の戦場で闘った場合、こうしたズレがいっそう大きくなることは必至であり、戦場での勇敢な行動に報いられないまま、つまり「勲章」を受けとらないまま、抜群の勲功をあげた軍人が戦死してしまうといった状況は、それこそ数限りなく発生したのである。

こうした極端な中央集権的な「勲章授与」の制度は、実際の戦場で大きな功績をあげた軍人を重視するよりも、その戦闘を指揮した高級指揮官を高く評価しがちという傾向と相まって、全体として「勲章」の授与は必ずしも日本軍人のやる気を高める手段としては有効に働かなかったといわざるをえない。

これに対し第二次大戦中のドイツ軍では、さきに挙げた「鉄十字章二級」の授与権は、中隊長あるいは大隊長が握っており、戦場で目立った功績をあげた兵員に、戦闘が一段落した後ただちに「鉄十字章第二級」を部隊全員の面前で授与するというのが一種の慣例とすらなっていた。もちろん、より高級な、たとえば全軍で五〇七〇名に上った「騎士十字章」の授与についても一定の基準があり、たとえば空軍の戦闘機操縦者であれば、敵の航空機を二〇機以上撃墜すればこの「勲章」が与えられ、さらに五〇機以上撃墜したパイロットには、一級上の「柏葉付十字章」が直接ヒトラーの手から授与されるといったルールが確立されていた。陸軍でも、たとえば敵の戦車を一〇両破壊した軍人には「騎士十字章」が、階級の如何を問わず、すなわち将校であれ、下士官であれ、兵員であれ、同様に与えられたし、重要な敵の陣地を率先して身の危険を顧みず攻撃して成功した兵員にも、直属の上官、すなわち中隊長あるいは大隊長の申請に基づいてこの「勲章」を与えることができた。

米軍でも同様である。「青銅勲章」を授与する権限は連隊長が握っており、直属の中隊長の申請に基づいて、勇敢な行動を見せた兵員には戦場で授与を行った。こうした現場主義をとることによって、兵員の戦闘意欲がいっそう高まったのは当然である。

もう一つ軍人にとって重要なのは、勤続年数が長くなるにつれて、自動的に「勲章」を与えることである。戦前の日本陸軍、海軍では、永年勤続した軍人には、それぞれの階級に応じて旭日章、瑞宝章を自動的に授与する制度があった。現在でも、どの国の軍人も同様の恩恵を受けている。勤続年数によって自動的に勲章を授与する制度は、それだけ、真面目に長い間軍隊で勤務しようという意欲をかき立てるからである。

こうした「表彰制度」は、軍隊あるいは官僚制度に特有のものであって、民間企業では採用することができない。それにとって代わって民間企業では社長表彰制度が存在するが、それは軍人や官僚のように「国民誰にもわかる形での勲章」という形を伴わず、企業内での評価を示すにすぎないからである。そこが民間企業と政府組織の一部である軍隊との大きな違いといってよい。

個人の評価

民間企業では、従業員の個人的な評価は日常普段に行われている。企業にとっては、有能な従業員を、能力に応じ、実績に正比例してどしどし上位に抜擢して、経営者の補充を社内で実行することが、従業員のやる気を引き出すうえで最も重要であると本能的に知っているからである。

これに対し、軍隊のように官僚化された機構のなかでは、上級に昇進させるさいの基準は、全体としての軍人のやる気を引き出し、士気を高めるうえできわめて重要であるだけではなく、昇進にあたっての基準を合理的に設定することが、軍隊の戦闘意欲を高めるだけでなく、平時にあっても、政府に忠実に服従する軍隊を維持するための決め手にもなる。にもかかわらず、日夜激しい闘争にさらされている民間企業と違い、平時の軍隊は基本的に「教育機関」にすぎず、戦時にのみ敵の戦力を破壊する機能が軍隊の基本的役割である以上、その個人的な評価をどのような基準で行うかは、きわめて困難な側面がある。

どの国の軍隊でも、まず第一に昇進にあたって基準とするのは勤続年数である。つまり、同じ階級により長い期間いた軍人がまず第一に昇進の対象とされる「年功序列制」が昇進の基本となることは避けられない。どの国の軍隊でも、平時は昇進が遅い。士官学校を卒業して少尉に任官した後、さらにまた上級の専門学校、大学校に選抜されて高度の軍事教育を受けた将校であっても、同じ階級に五年あるいは七年もとどめられるケースが圧倒的である。とくに平時にあっては軍隊の規模が小さく、それだけまた上級将校のポストの数が少ないため、いっそう昇進のスピードが鈍ることは避けられない。

平時にあっての昇進の基準は、なんといっても「平時の勤務成績」である。演習においても、また日常の勤務においても、上官の命令を正確に理解し、忠実に実行するだけでなく、率先して部下の模範として行動する将校が高く評価されることはいうまでもない。

また、官僚化された軍隊内部では、大量の事務を処理するための書類を作らねばならないが、書類作成にあたって作文能力がたえず問題になる。明確な表現で正確な内容を持った文書を作成する作文能力の優れた将校が高い評価を受け、たしかに現場での部下の教育には熱心であり、かつ成果があがっても、現実に作文能力の劣る将校が低い評価を受ける傾向は、これまた数限りなく存在するし、こうした作文能力に基準を置いた評点が、そのまま戦場での能力を評価する基準にならないという制約を、平時の軍隊はどの国の軍隊においても経験しなければならない。

戦場にあっての昇進の基準は、これは徹底した実績あるいは能力本位である。

いかに平時の成績が優秀であっても、戦場において勇敢さに欠け、さらにまた沈着冷静さの足りない将校、あるいは判断能力が不足している将校は、敵との戦闘にあたって優れた成果をあげることができない。戦闘機、戦車に搭乗して直接戦闘を行う下級将校の場合であれば、戦闘技術の優劣はそのまま本人の生死を分かつが、大兵力を指揮する高級指揮官の場合、彼の戦術能力あるいは情勢判断能力、また決断力の不足は、そのまま戦闘の敗北を意味しはするが、本人の生死に影響はない。

どの国の軍隊においても、戦場においては思い切った実績主義をとった昇進の基準を導入せざるをえない。第二次大戦で勝利したソ連軍では、実績のあがった将校はどしどし戦場で昇進させ、四〇代初めの元帥あるいは大将が続出した。米軍でも同様である。一兵卒から中将にまで昇進したベデル・スミス（アイゼンハワー元帥の参謀長）の例など、まさしくその好例である。ドイツ軍も同様であった。日本での常識とは違い、ドイツ軍も戦場では徹底した実力主義による昇進制度を採用した。その結果、わずか四二歳で中将にまで昇進した下士官出身者の将官があり、他方、一九三三年、陸軍大尉にすぎなかったロンメルは、それから九年後元帥に昇進しているなど、日本の陸軍、海軍の常識では考えられない早い速度で昇進した例は枚挙にいとまがない。

これに対し日本の陸軍、海軍では、戦時にあたっての昇進を平時同様のやり方で律しようとした。その結果、戦意の不足で重大な敗北を被った高級指揮官が大将に昇進したり、あるいはまた敗戦の責任を負わなければならない艦隊司令長官が、より重要なポストに栄典したりした例は、これまた無数といってよい。そこに日本の敗因の一つを見ることもできる。

こうした個人個人の徹底した能力主義による評価を昇進の基準とする「実力主義」あるいは「能力主義」の原則を戦時にあっては軍隊も導入せざるをえないが、企業においては、日常普段の競争それ自体が軍隊の戦場での行動と同様の優勝劣敗を伴うだけに、勤続年数の長いものから上級に昇進させるといった「年功序列制」を放棄することが、やる気を引き出すための最も重要なポイントになるのである。

平等な生活条件

民間企業の場合にはほとんど問題にならないが、軍隊にあっては、生活条件に階級による差を持ち込まないことがやる気を引き出す大きな手段である。

生活条件の基本となる、たとえば食糧の配給量をとっても、最下級の兵隊と最上級の元帥との間に差を設けるという制度は、第一次大戦で大きい弊害を生み出した。一九一八年一一月、ドイツで革命が起こった大きな原因は、この生活条件の違いが将校と兵隊との団結を阻害し、兵員の間に秩序に対する不信感を植えつける大きな原因となった。これがドイツ革命のすべてではないが、重要な引き金となったことは、誰しも認めている。

たとえば食糧の配給量が戦争が長期化するにつれしだいに削減され、第一線で厳しい条件のもとで肉体を酷使しなければならない兵員より、後方の安全な司令部で生活する指揮官のほうが質においても量においてもよりよい食糧を与えられるという制度が、第一線で命を賭して闘わなければならない立場に置かれた兵員に根強い不満を植えつけることは当然であって、兵員と将校との間の生活条件の差が、結果としてドイツ軍隊の団結を崩壊させる大きな原因となった。

第二次大戦では、この教訓に学んでドイツ軍は、階級の如何を問わず、食糧の配給量を同一にすることにした。その結果、第一次大戦とは違い、ドイツ軍は国土のすべてが包囲されるまで戦闘を放棄せず、第一次大戦と違って、最後まで団結を維持することができた。この点では、将校と兵員との間の食糧配給量を原則としてはすべて同一とした日本陸軍も、軍隊内で重大な反乱事件を経験することなく第二次大戦を終わっている。ただし日本海軍では、戦争が終わるときまで「士官食」あるいは「兵食」と、階級によって食糧の配給量とその質に違いを維持したことは紛れもない。

こうした生活条件の差をつけず、できうるかぎり平等な食糧配給制度を維持するという配慮は、戦場で闘う軍隊の団結を維持するための最も基本的な手段といってよい。同様に、平時にあっても、指揮官と兵員との間に食糧の配給量、あるいは居住条件、さらにまた被服の質などに差をつけないということがきわめて重要である。こうした平等な生活条件が保障されて初めて、軍隊内の士気は高まり、下級の兵員は上級の指揮官の命令に忠実に服そうとする積極的な意欲を生むのである。

その一面、「上級の指揮官ほど生活条件を優遇する」という制度は、より高い地位へ昇進しようとする積極的な意欲を生むとの批判もある。もちろんこれも一面の真理を認めなければならないが、全体としてみれば、生活条件を平等にすることのほうがはるかに重要といわざるをえない。

現場主義の尊重とその限界

軍隊も企業も同様に共通している「やる気」を高める手段は、徹底した「現場主義」である。

とくに官僚化した組織である軍隊内部では、規則あるいは法律に定められたとおりの行動で戦闘に勝利することはできない。こうした規則あるいは法律の目指すものは、組織全体の秩序を維持することであって、戦闘に勝利することではないからである。

極端な表現を使えば、「規則に従ったため戦闘に敗れる」ケースも、これまたけっして数は少なくない。必要とあらば、規則あるいは法律の規定などいっさい無視して、現実の条件に適合した行動を断固として採用できる大胆な指揮官がいてこそ初めて、軍隊は戦闘に勝利することができるのである。

言い換えれば、規則あるいは法律の規定などは一般論と心得て、現実の条件をより優先して行動するだけの柔軟を発想を持つ指揮官が、本来の指揮官としての責任を果たしうる資格を備えたものといわざるをえない。

まして、日夜市場で激しく競り合っている民間企業では、政府の定めた法律はともかく、企業内部の管理上の便宜から定められた内部の規定あるいは規則など、現場の条件に優先させるべき性格のものではない。民間企業といえども、政府の法律を無視した行動をとることは絶対に許されないが、企業内部の管理上の便宜で定められた規則あるいは規定は、競争に勝つための必要から見れば、はるかに優先度が低い。

また、生産、販売、研究開発など、現場の必要に応じて社内規定を無視する気風が広がれば、実はもう一つの側面、つまり統一的な管理がやりにくくなることも十分承知しておかねばならない。こうした社内規定の無視は、あくまでも例外的なものとして認めなければならず、もしこうしたケースが頻発すれば、それは規定それ自体の不備あるいは不合理さが証明されたものとして、規定のほうを改めるだけの柔軟性がトップの経営者に求められる。

この点では軍隊にあっても同様である。戦闘の第一線で敵と闘っている指揮官は、上級指揮官の命令に対してもちろん無条件に服従しなければならないが、命令の内容と現場の条件が一致しない場合には、もちろん上級指揮官の指示を仰ぐことを原則にしながらも、必要な場合には、彼自身の責任において命令とは違った戦闘行動をとる「独断専行」も指揮官としてあえてとらなければならない重要な課題の一つである。

ただし、大きい問題は、こうした「独断専行」を理由にして上級指揮官の意図を無視した行動をとっても、結果さえよければよしとする風潮がもし将校の間にはびこれば、それは軍隊の最大の役割である「政治への無条件の服従」の原則を破壊するおそれがある。日本陸軍の昭和に入ってからの行動は、まさしくその典型といってよい。昭和六年、満州事変を引き起こした関東軍の参謀たち、たとえば高級参謀板垣大佐、作戦主任参謀石原中佐らは、当時の政府の基本政策を無視して軍事行動を計画し、これを「独断専行」の美名で覆い隠そうとした。これに対し陸軍中央部は、断固たる措置をとらず、「重大な規律違反」を見逃したのが、ついに第二次大戦での敗戦につながる直接の導火線の一つであった。満州事変で「独断専行」をあえてした参謀、指揮官を、陸軍中央部が罰するどころか、むしろ「殊勲甲」と高く評価したことが、次々に陸軍中央部の方針あるいは計画を無視した行動を現地部隊の指揮官が繰り返す悪弊を生む直接の導火線となった。その結果、「一糸乱れぬ統帥」を建前とする日本陸軍は、「下剋上《げこくじょう》」の集団に堕落し、その結果日本は第二次大戦に敗れたのである。

軍隊の場合、「現場主義」は一定の狭い限界内にあるといわざるをえない。同様に企業にあっても、トップ経営者の考え方をまったく無視するか、それに反する行動を中間管理職が行ったとすれば、その結果如何にかかわらず、彼は責任ある地位からはずさなければならない。たとえば倒産の危険がありとトップが判断している企業に巨額の融資を行ったり、あるいはまた貸し込みをしたりする行動がもし現地の支店長の「独断専行」であったとするならば、当然のことながらその現地支店長はそのポストから交代させなければならない。

もちろん台風、地震といった自然現象に対応するために、また同時に人命を守るために、一刻の猶予も許されないといったきわめて稀な緊急事態の場合に、現場の中間管理職者が思い切った「独断専行」を行ったとしても、それは一種の「緊急避難」に限定されるならば、やむをえざる措置として認めなければならないが、平時にあってトップの経済戦略と逆行する選択を「独断専行」の名のもとにあえてする管理職者は、当然その任に堪えない人物として解任せざるをえないのである。

責任の明確さ

さて、こうした事態が起こったとき、経営のトップはどのようにして責任を明確にするか。たとえば、大地震がきて工場の建屋が倒壊する恐れがあったり、あるいはまた大雪のため倉庫が一挙に潰《つぶ》される恐れが生じた場合、「生産を急げ、生産を急げ」とするトップの指示に反して工場の全面休止、あるいはまた、「出荷を待て」とする指示に反して倉庫内の全製品の緊急出荷を指示したりする「独断専行」を現場の管理職者があえて行った場合、その責任を誰がとるかという問題である。

「独断専行」の範囲は、軍隊にあっても企業にあっても、きわめて限定されたものであると述べたが、トップ経営者自身が責任を負わなければならない。工場の建屋が倒壊する恐れがあり、これによって従業員の多くの人命が失われる危険を感じた現場責任者が、トップの指示に反して全設備の操業停止、全員退避を命じ、その結果、急速にかつ大幅に生産が落ち込んだとすれば、その責任はまずトップ経営者が負わなければならない。それは、現場の実情をトップ経営者が正確に理解しておらず、中間管理職者の人選にあたっても、十分な資格を備えた人物をそのポストにつけていなかったという責任は、あくまでもトップ経営者のものだからである。

昭和六〇年九月初め表面化したマンズワインでの不祥事件で親会社のキッコーマンが社長辞任を公表したのも、彼自身の明確な指示によって毒入りワイン隠しが行われたかどうかは別として、当然とるべき措置をとったと評価することができる。

この意味では、民間企業にあっても、トップ経営者はきわめて重い責任を日常普段に感じていなければならない。マンズワインの場合、子会社の不祥事件の責任は、子会社の経営に責任を持つ子会社の経営陣を任命した親会社であるキッコーマンのトップ経営者の責任と割り切ることで、自ら引責辞任という結論を出したとすれば、これは当然とるべき措置なのである。

軍隊の場合も同様である。もし満州事変を引き起こした関東軍の「独走」を、陸軍中央部の責任者であった南陸軍大臣が厳しく処罰すると同時に、こうした現地の指揮官、幕僚を任命した自らの不明を明らかにする意味で自らも引責辞職したとすれば、おそらく日本陸軍内部での「下剋上」の風潮など完全に消滅したに違いない。

この点では、現地の事情に通じており、かつ、たえず変化する情勢に対応してとるべき措置を自らの責任において実行した現地の指揮官が、もし与えられた任務の達成に失敗したとすれば、その場合、自ら責任をとってそのポストを去ると同時に、こうした現地の指揮官を任命した責任は、あげて軍中央部の責任であると明確な形で打ち出すことが、規律を維持し、かつ士気を高める最高の手段なのである。

一九四二年、アフリカ戦場でロンメルの率いるドイツ軍に完膚なきまでに叩きのめされた英国第八軍は、チャーチルの指導で、その上級指揮官をあげて交代した。新しく指揮官に任命されたモントゴメリーは、彼の指揮下にある各部隊の指揮官がどのような作戦指導を行ったかを綿密に点検して、十全の作戦指揮ができなかった指揮官は、これまた例外なく交代させた。と同時に、ロンメルの率いるドイツ軍を阻止するために、それこそすべての兵員、装備をエルアラメイン戦線に集結させ、断固としてカイロへ向かっての進撃を阻止する体制を整備した。

第二次大戦初期、一九四一年、ドイツ軍の奇襲攻撃を受けて全面的な敗北を余儀なくされたソ連でも、その責任のすべてが最高指導者だったスターリンにあったにもかかわらず、スターリンは現地指揮官に責任のすべてを負わせ、彼自らはついにその地位を去ろうとしなかった。その結果が、一九五六年のソ連共産党第二〇回党大会での「スターリン批判」を必要とした重大な政治体制の欠陥を生み出す大きな要因となったのである。「独裁者」といわれる人物であればあるほど、自らの地位を維持するために、自らの政策の失敗あるいは判断の誤りの責任を部下に負わせようとする傾向があり、それは中長期的に見て大きなマイナス効果を国家に与えることは紛れもない。

共産圏諸国のように最高権力者にすべての責任が集中している国では、いったん権力を失った場合のみじめさは、議会制民主主義が確立している西側自由諸国とは比較にならない厳しさを伴う。「スターリン批判」を強行したフルシチョフは、一九六四年、権力を失い、第一書記から解任された後、一介の市民として年金生活を余儀なくさせられたが、死後においても、ソ連の最高指導者の例に従ってのクレムリン城壁前の墓地に葬ることすら認められなかった。こうした厳しい「報復」にも等しい扱いをうけたにもかかわらず、フルシチョフは黙々と自らの運命を甘受した。それがまたソ連社会にとって、しだいに「スターリン体制」から離脱するテコの役割を果たしたことも、今日から見直せばしだいに明らかになりつつある。

こうした自らの責任を明確に意識した行動を一国の指導者がとるということ、それは結果として国民の士気を高め、戦争の場合、勝利につながる重大な決断といってよい。

同様に民間企業の場合、中間管理職者を含め、従業員が犯した大きな誤りの責任は、いずれもトップ経営者が負わなければならない。もちろん個々の事件によって、トップ経営者が負うべきものかどうか、責任の範囲もおのずと決まることは間違いないが、いずれにしても、あらゆる人間集団で士気を高め、「やる気」を引き出す最も重要なことは、トップを含め、上級のポストについている人間が責任を明確に打ち出す姿勢なのである。

政治家の責任

この意味では、軍隊の最高統帥権を握る政治家の責任はきわめて重いといわざるをえない。さきに挙げた満州事変で日本陸軍が見せた「独断専行」をついに、陸軍中央部はもちろん、当時の若槻首相をはじめ政府首脳部が抑制しようとしなかった姿勢が、結果として第二次大戦の敗北につながったことは、誰しも認めざるをえない事実である。

こうした政治家の責任を最も鋭い形で問うたのが、第二次大戦後の一連の国際裁判（ナチ・ドイツに対するニュールンベルク、日本に対する東京裁判）である。これが戦勝国による敗戦国首脳部に対する一方的な「報復裁判」という側面を全面的に否定できないとしても、この国際裁判をあえて行ったことで、その後、ドイツ、日本が再び「報復戦争」に乗り出すことを阻止することに大きく寄与したことは、これまた紛れもない事実である。

こうした「政治家の責任」を、敗戦という形で全国民の負担に転嫁するだけでなく、国際裁判を通じて一連の政治家が絞首刑という形で個人責任を問われなければならないと考える流れが、どこの国の政治家にとっても、政策の選択にあたって慎重さを厳しく求める条件を生み出したことは紛れもない。

これは仮定の話だが、第一次大戦後において、同じ発想から、敗戦国ドイツの戦争責任者を追及しようとする動きがあったものの、結果としてごく数名の戦時国際法違反の行為を行った下級指揮官だけが裁判にかけられ、それもきわめて軽い刑に服しただけで終わったため、戦後わずか二一年後、ドイツは再び「報復戦争」に乗り出したともいえなくはない。第一次大戦後、ベルサイユ条約でドイツに対し過酷な条件を押しつけた連合国の対ドイツ政策は、けっしてすべてが合理化されるものではないが、少なくとも戦争を絶滅しようとする善意だけは疑うことができない。だがこの善意も、「政治家の責任」を厳しく問わなかったところに不徹底さがつきまとい、その結果は、第二次大戦による欧州の破壊、数千万の人命の喪失という、より大きな惨害を生み出す背景となったのである。

とくに軍隊の場合、「政治家の責任」はきわめて重い。軍隊を動かし、軍事行動を展開する責任は、「政治家」に集中している。彼の選んだ政策に従って軍隊は行動するのであり、その結果が一国の運命を左右することは、歴史に照らしても明らかな事実である。彼がどのような大義名分を唱えるとしても、その責任を免れるわけにはいかない。しかもその責任は、自らの生命を賭するだけの重みのあるものでなければならず、こうした考え方が世界全体にわたって定着したとき、世界は軽率な政治家を追放して、より理性的な政治家が登場する機会を改めて提供する新しい段階に入るといえるだろう。

第三節　日本人の独創性

戦前と戦後との違い

戦後、日本人はあらゆる面で大きく変わったといってよい。まず第一にいえることは、戦前の日本人は人口の大部分が「現状に不満」を感じていたのに、戦後の日本人は、どの調査を見ても、「現状に満足」と回答している点である。

その背後には、戦前きわめて貧しい生活、さらに自由の制限された社会から、戦後は世界最高の生活水準、さらに世界でも類例の少ない広範な自由を保障された社会が日本に現出したという事実がある。とくに大きいのは、経済成長だけではなく、戦後の日本人に影響した三つの成果、これに日本人の大部分が満足しているということである。その一つは、平均寿命の大幅な延長である。日本人の平均寿命は、戦争直後、男五〇歳、女五五歳だったが、今日では男七四歳、女八〇歳（一九八五年当時）と、世界でも最も長寿国に変わった。第二は、犯罪発生率の低い、秩序の安定した社会の出現である。同じ先進国であっても、日本の犯罪発生率は、殺人、強盗、強姦など、凶悪犯罪はもちろん、窃盗、詐欺など財産犯、さらに交通事故死までを含めて、際立って世界最低水準にある。これは戦前と比較しても、日本人がどれほど安心して社会生活が送れるかを証明している。第三は徴兵制の解消である。戦前の日本人にとって最も重い負担の一つは徴兵であった。本人の希望のあるなしにかかわらず、満二〇歳を迎えた日本人男性は、例外なく徴兵検査を受け、同一年齢の三〇％（昭和一二年の実績）が軍隊に入らねばならず、軍隊に入らない青年も、その後三九歳まで、いつでも軍隊に召集される状態に置かれていた。

平均余命の延長、すなわち長生きができる日本人が、同時に犯罪者に襲われる危険を感ぜず、さらにまた徴兵制によって戦場に送られる危険をいっさい受けない、感じないですむということ、これこそが日本に対して日本人が最も満足している条件なのである。

戦前の日本では、こうした恵まれた条件を日本国民に保障することはできなかった。

戦前の日本がいかに貧しかったか、一九三九年（昭和一四年）の国民一人当たりのGNPを見ると（一九四七年アメリカ上院財政委員会報告）、日本はわずか九三ドルにすぎず、ユーゴスラビアの九六ドル、ポーランドの九五ドルを下回り、エジプトの八五ドルをわずかに抜いている。当時アメリカは五五四ドル、ドイツは五二〇ドル、英国四六八ドル、スイス四四五ドル、スウェーデン四三六ドルであり、ソ連ですら一五八ドルと、日本をはるかに抜いていたから、当時の日本人の生活水準はアメリカのほぼ六分の一、ドイツの五分の一以下という低さだったのである。こうした貧しい生活条件のもとに置かれた日本人が、戦後、アメリカに比べてほとんど遜色《そんしょく》のない経済生活を保障されている。一九八二年の一人当たりGNPを見れば、日本は七六七七ドルで、アメリカの一万一六八〇ドルのほぼ七〇%、西ドイツの九三五〇ドルに比べても約八〇%、英国の七六一四ドルとほぼ匹敵し、戦前とは比較にならない高い生活水準がすでに実現している。

その結果が、さきに挙げたように、日本人の七五%以上が「現状に満足」と答えることになったのである。さらにまた、他の諸国とは比較にならない低い犯罪発生率、平均寿命の長さ、また徴兵制の廃止からくる自由な生活、こうした恵まれた条件を戦前の日本は日本国民に与えることができず、その結果戦前の日本人の圧倒的大部分が、「現状に不満」として世界全体に対し秩序の変更を求めようとする日本軍部の政策を支持したといってもよい。

こうした戦前と戦後の違いは、日本の国際政治、経済に果たす役割をいっそう大きくしたといってもよい。戦前の日本が、軍備こそ世界第三位といわれる海軍力を保有していたとしても、工業生産においてはあらゆる面で先進工業国とはほど遠い中進国にようやく仲間入りできる状態にあったことは紛れもない。今日の日本は、防衛費こそ世界第八位だが、競争力の強さにおいては世界一、二位を争う「経済大国」に発展し、それがまた同時に、次に述べる富の配分の均分化を通じて日本人全体の生活水準を著しく高めることに成功するという大きな成果が、戦後の日本人の考え方も気質も変えてしまったといってよい。

平等主義の国家

戦前の日本は、きわめて厳しい階層国家であった。かなり緩和されつつあったとはいえ、華族、士族、平民と、日本国民は三つの階層に区分され、士族と平民との間には社会的な評価も扱いもほとんど差はなかったものの、特権グループとしての華族はいろいろな面で手厚い保護を受け、さらに特権を享受していた。

また軍人、官僚の世界では、これまた徹底した階層が制度化され、たとえば陸海軍の将校、士官に相当する高等官は、行政官庁のどこでも、下士官に相当する判任官、兵に相当する雇員、雇いとは食堂もトイレも風呂もはっきりと区別された特権グループとしての地位が保障されていた。もちろん収入でも格差が大きく、高等官は「恩給」の形で退職後も年金が保障され、とくにその上級者には「勅選貴族院議員」という形で高い社会的地位が自動的にといってよいほど保障される仕組みが成立していた。また社会的にも、男女の格差が確立し、女性には選挙権も被選挙権も認められず、法律上も男性よりも一段劣った地位しか与えられず、男性には妾《めかけ》を持つ自由があっても、女性には夫以外の男性と付き合うこと自体、「姦通罪」として刑法犯の対象にされる状況であった。農村にあっては、地主と小作人との間に身分制に近い格差があり、企業の内部ではホワイトカラーに相当する社長と工員との間にはあらゆる面で厳しい待遇の違いが存在した。極端な例をいえば、工場の門すら、職員専用と工員専用とが区別されていた例がきわめて多かったのである。

こうした厳しい格差が戦後の一連の改革によって解消し、今日の日本は世界でも類例の少ない「平等な社会」を実現している。戦後の一連の改革は、日本人すべてを平等な人間として扱うことを求め、もちろん多くの抵抗を排除しながらだが、こうした平等主義が日本の社会のなかではほぼ完全に実現したといえる。

とくに経済的な格差については、戦後の所得税に見られる厳しい累進税制でほとんど消滅したといってもよい。これは日本が世界に誇る大きな成果である。

戦前は大学卒の新入社員の初任給が月七五円、ボーナスを含めて年収せいぜい一〇〇〇円前後といった時代に、大企業のトップ経営者は賞与だけで年間数十万円の収入があった。まして現場で働く工員は、日給せいぜい一円五〇銭から二円どまり。つまり年間の収入が、せいぜいのところ三〇〇円から五〇〇〜六〇〇円だったのに比べて、すさまじい格差が存在した。

その一方、企業の経営者はきわめて重い責任を背負わなければならない不文律が存在する。それは、企業の借入金を、全役員を含めて、経営者が「個人保証」しているからである。万一企業が倒産すれば、企業の経営者は個人財産をすべて吐き出さなければならず、従業員には倒産に伴って失業保険が支給されるのに、経営者はその恩恵に浴することもできない。

こうした厳しい条件のもとに置かれている日本の経営者は、従業員に比べて一段と重い責任を負うのに、これに伴っての収入の格差がほとんどない。この「平等主義」が実は日本的経営管理方式を支える経済的基盤なのである。

こうした「平等主義」が日本の社会で実現したその理由はいくつも挙げることができるが、原点は戦後の社会改革にあったことは紛れもない事実である。この意味では、戦後日本を占領した米国は、米国社会ですら実現していない「民主主義」を日本に移植し、定着させることに成功したといってもよい。その結果日本の従業員は、経営者が徹底した経営の合理化を要求しても、それが単に目先の経営者の利益につながるとは考えない。この点は他の国との大きな違いである。

他の諸国では、ロボットを導入して生産性を上げようとする経営者の努力に対し、それは経営者の個人的な収益を増やすだけであり、自らの利益につながらないと反発するが、日本ではこうした努力を怠れば、企業そのものが倒産に追い込まれ、経営者が全財産を失う恐れがあると従業員は判断する。「平等主義」が現に確立しているからこそ、より重い責任を負う経営者の選択は、従業員にとっても直接、間接の恩恵をもたらす努力の表われと従業員に理解される。

同様に職場内においても、ある職務から他の職務への「配置転換」を要求されたときにも、従業員は、それが経営者の単なる「思いつき」あるいは「わがまま」から発したものではなく、経営者自身が客観的に情勢を判断したうえでの行動と理解する。

こうした経営者の重い負担と低い手取り収入とが、従業員に経営者を思いやり、彼の決断の正当さを信じさせる経済的な根拠なのである。これがあってこそ初めて、七〇年代の二度にわたる石油ショックを、日本の企業は他の先進国の企業とは比較にならない早さと同時に大きな成功をもって克服することができたのである。

一九八〇年代の日本的経営管理方式の中核ともされている「ＴＱＣ」をとっても、その必要度を誰よりも強く感じているのが日本の企業に働く日本人従業員であり、誰もが率先して「ＴＱＣ」に協力することが企業の発展であり、それがまた直接、間接に自らの収入の増加に結びつくと考えている。これこそ、日本の企業では他国に例を見ない広がりと同時に深さをもって「ＴＱＣ」が普及する原因である。

上級者ほど重い負担

日本の所得税制が戦後一貫して累進税率を引き上げる方向に進んだことも紛れもない。昭和二四年、日本の税制改革を提案した米国のシャウプ博士が、所得税の最高限を課税所得の五五％としたのに対し、その後三度にわたって最高税率が引き上げられ、いつの間にか七五％と、世界に類例を見ない高率になったが、このときにも、高額所得を得ていた日本の経営者は厳しく反発もあるいは反対運動も行わなかった。

その背後には、戦後の「平等主義」が日本社会に定着するにつれ、「上級者ほど重い負担を甘んじて引き受けなければならない」という発想が、誰いうとなく定着していたからこそ、こうした所得税の累進税率をいっそう急カーブに改悪しようとした動きに強い反対が起こらなかったのである。その結果は、さきに挙げた企業の借入金に対する「個人保証」という暗黙の制度とともに、日本の経営者を世界では類例のないほどみじめな状態に追い込む条件が日本に定着してしまった。

また同時に、戦後労働運動が合法化され、さらに勢力を増すにつれ、従業員内の「格差解消」を目指しての動きが急速にホワイトカラーとブルーカラーとの身分格差を消滅させる原動力となった。昭和三〇年代初頭までに、どの労働組合も掲げた「工職格差解消」のスローガンは、いまや完全に現実のものとなり、同時に運動目標としての存在を失った。いまや日本のどの企業でも、ホワイトカラーとブルーカラーとの間には、給与体系はもちろん、給与の支給方式、さらにまた休暇日数の算定、食堂、風呂、便所など、あらゆる施設についてもいっさい消滅したといってよい。そこが実は戦前と戦後の最大の違いである。その結果、「TQC」を導入するについても、また管理職者への昇進にあたっても、ブルーカラーとホワイトカラーとの間には「大きな格差」はほとんど存在しない。

世界有数の家電メーカーである松下電器産業で、旧制の工業学校出身者が、東大、京大など、日本の一流大学卒業者を尻目に社長に抜擢され、立派な業績をあげているなど、他の国ではおよそ想像つかない状態であるといってよい。こうした「平等主義」が、すでに挙げた驚くほどの成果をあげる一方、実は戦前の特権層は、ホワイトカラーを含めて、例外なく自らの特権を失わざるをえなかった。戦前大学を卒業した青年は、せいぜいのところ人口の一%未満であり、中等教育を受けること自体、同一年齢の人口の五%前後にすぎなかったのに、戦後は教育制度が改革され、同一年齢の三〇%近くの青年が、男女を問わず大学に進学している。この教育の普及も「平等主義」の効果といってよい。と同時に、大学を卒業しても、高卒者に比べて経済的な面で大きな格差がなく、それだけまた重い負担を上級者ほど負わなければならないとすれば、個人的な趣味あるいは好みを満足させるために、あえて少ない収入と低い地位しか求めようとしない消極的な生き方をとろうとする青年が増えても当然といってよいかもしれない。明らかにあまりの「平等主義」が、日本の社会では行き過ぎたといってもよいかもしれない状況が現実に発生しているのである。

それは、急速に変化する社会情勢と、同時にまた、これと結びついた社会的な雰囲気の変化、それが日本ほど年代の意識格差を強めた国はないという結果を生じ、それがまた同時に、格差の解消がいささか行き過ぎたといわざるをえない状況を日本に植えつけつつある。

「平等主義」は、同時にまた「エリートの否定」でもある。戦前に見られた一部エリート養成を目的とする教育制度が、戦後の「大衆化」によって消滅し、今日でも「エリート教育」は一種のタブーとすらされるところは、他の国との比較において日本の社会はいささか「平等主義」の行き過ぎをもたらしたともいわざるをえない。この点からいえば、戦後の流れそれ自体も、けっして無限に有効性を持つものではないである。

自衛隊と日本的経営方式

戦後、明治憲法を改正して、いわゆる「平和憲法」を制定し、武力によって国家の政策を遂行することを放棄した日本は、世界でも類例のない「軍事小国路線」を採用した。そして戦後七〇年間、ついに一度も大規模な戦争はおろか、日本人を日本周辺の武力紛争にも参加させない、これまた「人類初の壮大な実験」を今日まで続けてきた。

こうした「軍事小国路線」をとり続けてきた日本も、国家であるかぎり、国家権力を支える武力集団としての「自衛隊」を保有しなければならず、昭和二五年（一九五〇年）、当時の米国占領軍の指令に基づいて創設された「警察予備隊」を皮切りに、今日では世界有数の軍事力を保有している。しかし、防衛費のGNPに対する比率は、その一％を超えることなく、他の先進国に比べてはるかに軍事費の負担の少ない状況を続けている。戦前の日本が経済力とは不相応な強大な軍事力を保有していた「軍国主義国家」であったのに比べ、戦後の日本は、経済力は世界のGNPの一〇％を占めるという大きなものになったにもかかわらず、保有する防衛力は世界第八位にすぎず、明らかに戦前と大きな違いを示している。

さらに大きな違いは、戦前の日本が徴兵制を採用し、国民全体に兵役の義務を負わせたのに対し、戦後の日本が保有する自衛隊は、徹底した志願兵制をとり、自ら入隊を志願しないかぎり、軍隊に徴集されない「自由」を日本国民に保障している。それだけではない、戦前の日本は、軍隊に限らず、世界でも類例のない厳しい「身分制国家」だったが、戦後の日本は、一連の改革を通じて、こうした「身分制の廃止」に全力をあげて努力した。軍隊それ自身は、これまでにも繰り返し述べてきたように一面では官僚組織であり、他面では指揮命令系統を確立するために、明確な上下の身分制を伴っているにもかかわらず、日本の自衛隊は、こうした身分制に基づく格差の拡大を極力防止するために、大きな努力を払ってきた。

その端的な表現は、次の三点に見ることができる。第一は給与の格差の小さい点である。自衛隊に入隊したばかりの新入隊員の月給は、衣食住を差し引いて九万二六〇〇円であり、これに対し自衛隊の最高位にある統合幕僚会議議長の月給は、衣食住の自己負担を含めて九〇万円にすぎない。最上位と最下位の給与の格差は一〇倍以内である（執筆時点）。

一般に徴兵制をとる軍隊と志願兵制をとる軍隊とでは、給与体系が異なる。徴兵制の場合には、軍隊に入ってくる青年は、いわば国家に対する義務として入隊するのであり、かれらに与えられる給与はきわめて低くなる。これに対して、幹部として、いわば職業軍人として軍隊に勤務する将校については、一般の企業、官庁に奉職するよりも経済的に優遇され、国家の骨幹としての地位、すなわちエリートとしての地位を経済的にも保障される。したがって、徴兵制軍隊では、新しく入隊した兵員と、軍隊の最高位にある高級将校との給与の格差が著しく開く。戦前の日本陸軍をとっても、二等兵の給与は月六円五〇銭、年にしてわずか八〇円だったが、最高位の陸軍大将の給与は年俸六五〇〇円であり、上下の差は八〇倍を超えた。

志願兵制の軍隊でも、第二次大戦前のドイツ陸軍では、新入隊員の年俸一〇八〇マルクに対し、最高位の上級大将の年俸は二万四〇〇〇マルク、すなわち上下の差は二〇倍を超えていた。現在の米国陸軍をとっても、新入隊員の月給と最高位の統合参謀本部議長の年俸とでは、二〇倍以上の開きがある。これに比べれば、自衛隊の給与水準の格差は一〇倍以下であって、これまた世界で最も格差の低い軍隊といってよい。

第二のポイントは、幹部（将校）に対する昇進の機会が十分与えられていることである。自衛隊をとれば、防衛大学校を卒業して職業軍人としてのコースを選んだ幹部は、全幹部三万六〇〇〇名のうち九〇〇〇名、すなわち二五％にすぎない。さらに、民間大学を卒業して幹部候補生として入隊した者は一万二〇〇〇名、すなわち全体の三分の一であり、残りは、一般隊員として入隊した後、昇進して幹部に登用された隊員であり、かれらが全体のほぼ半数を占めている。

こうした幹部（将校）への昇進の機会が十分保障されていればこそ、一隊員として入隊した自衛隊員は、入隊後、勉学にいそしみ、かつ勤務に励んで、将来幹部（将校）への道を歩もうと努力するのである。

戦前の日本陸軍にも同様に、一兵として入隊した青年が、その後、下士官を経て将校に昇進する制度が存在したが、陸軍士官学校、海軍兵学校を卒業して任官した正規の将校に比べて、明らかに差別待遇があった。その結果、一兵から立身した将校は、海軍ならせいぜいのところ少佐、陸軍でも、こうしたコースを歩む「少尉候補者」出身者には、戦時中でさえ、中佐までしか昇進ができなかった。

こうした幹部への昇進の道が公平に開かれていることも、自衛隊員の士気を高める一つのポイントである。と同時に、こうした制度は民間企業での管理職者への昇進の道が、学歴、出身にかかわらず、能力あるいは実績本位で進められているのと見事に対応している。

第三は、衣食住の面での格差の解消である。戦前の日本陸軍、とくに海軍では、食事も「士官食」と「兵食」とに区分され、たとえば主食をとっても、「士官食」は白米、「兵食」は麦飯であった。もちろん副食物の質と量にも大きな違いがあった。住をとっても、食堂からトイレ、風呂に至るまで、「士官用」と「下士官兵用」とが区別され、その設備と内容においても大きな差があった。衣についても同様である。

だが戦後の自衛隊は、こうした格差はまったくないといってよい。まだいくらか身分制の残《ざん》滓《し》が残っている海上自衛隊をとっても、たしかに士官室の設備はあるが、それは戦前ほど明確に設備とその内容においての差がつけられたものではない。こうした衣食住の均等さも、これまた戦後の自衛隊が戦前の陸海軍と、さらに外国の軍隊との間に大きな違いをもたらす背景といってよい。

この結果、日本の自衛隊は、徴兵制をとっているソ連、中国、あるいは欧州大陸諸国の軍隊と比較しても、さらにまた志願兵制をとり続けている米国、英国の軍隊と比較しても、給与の面、さらにまた志願兵制をとり続けている米国、英国の軍隊と比較しても、給与の面、さらにまた生活条件の面、さらに昇進の機会といった人事管理の面でも、ほとんど格差のない、まことに平等な軍隊であるといってよい。

自衛隊は世界一強い軍隊

戦後の日本が、他の先進工業国はもちろん、世界のあらゆる国と比較しても大きな違いとして注目されている現象は、犯罪発生率の少なさである。

前にも数字を挙げて述べたように、たとえば殺人事件の発生件数をとっても、強盗の発生件数をとっても、諸外国と較べて、際立って低い。これほど犯罪発生件数の少ない、社会秩序の安定した国家は、世界に日本以外にないといってよく、日本の社会は、世界で最も犯罪の少ない安全な社会なのである。

このなかで日本の自衛隊は、一段とさらに低い犯罪発生件数しか記録していない。これも前述したとおりの数字である。もともと殺人事件の発生件数が世界で際立って低い日本のなかでも、自衛隊はこれまた際立って低い殺人事件の発生件数しか記録していない。つまり、日本の自衛隊員は、世界で最も犯罪発生率の低い「人間集団」と評価してもよい。

もともと犯罪発生件数は二つの側面から観察されるべきである。その一つは、社会秩序に対し、その社会を構成する全員が尊重し、これを守ろうとする気風があるかどうかであり、第二は、その社会を構成する人々がその社会に対して満足しているかどうかである。たとえば同じ「人間集団」である企業をとっても、企業内での犯罪発生件数が増加すれば、それはまた同時に、企業内のモラルと士気、さらに規律に従おうとする従業員全体の気風が崩れていることを意味する。逆に犯罪発生件数の急減は、企業に働く従業員の満足度を示すものと考えてもよい。

この意味からいえば、自衛隊は世界で最も犯罪発生件数の少ない「人間集団」であり、そこでは、隊員が自ら進んで規律に従い、上官の指示に従属するという気風が定着し、確立したことを意味する。これまで繰り返し述べてきたように、軍隊の最も基本とするところは、上官の命令に対し無条件に服従し、規律を守るという気風が確立しているかどうかである。上官の命令に無条件で服従し、規律を守ろうとするかぎり、その軍隊はきわめて士気が高く、かつモラルが高い水準にあるといってよい。こうした軍隊は、万一戦闘に投入された場合でも、上官の命令に無条件に服従し、どのような悪条件のもとにあっても、命令どおり正確な行動をしようと、それぞれの兵員が努力する保証といってもよい。

戦前の日本陸軍、海軍では、こうした気風がほとんど存在しなかった。将校（あるいは士官）自らが、上官の指示命令に服従せず、与えられた武器を使って、国政を担当する現職の総理大臣を射殺（殺害）するような事件が昭和初期に頻発したことを思えばよい。

しかし戦後の自衛隊員は、さきに挙げた一〇年間にわずか四件の殺人事件とはいえ、そのうちの一件は明らかに精神異常者によるものであり、残りの三件も、与えられた武器を使って民間人を殺害したわけではない。戦前と戦後の大きな違いは、現職の軍人（あるいは自衛隊員）が与えられた武器を使って民間人を殺害したことが一度もないという点にある。

こうした、上官に対し、その命令と指示に忠実に服従するという習慣が戦後に確立したということ、これはまた同時に、自衛隊が一部の幹部の勝手な指示命令に従って、そのときの政権に対しクーデタあるいは武力の行使に踏み切らないという保証でもある。

戦前の日本陸海軍では、こうした上級指揮官の指示命令に服従せず、一方的に自らの政治的意図を実現しようとして、部下を指揮してクーデタあるいは反乱に踏み切るケースが頻発したが、戦後の自衛隊は、まさしく確実に、かれらの最高統帥権者である内閣総理大臣、その命令を奉じて自衛隊を指揮統率する防衛庁長官の命令指示に忠実に服従する「軍隊」に変わったといってよい。

これは日本が、戦前と違って軍国主義国家にならないという物的な保証にもつながっていく。同時に、こうした指示命令に忠実に服従するという気風が確立している軍隊では、当然のことながら、戦闘行動にあたっても、上級指揮官の指示命令に忠実に服従した行動をとる。それがまた同時に、戦闘効率を著しく引き上げることを意味している。

こうした世界一強い軍隊と評価しうる日本の自衛隊は、まず第一にその指揮統率にあたる幹部の意識が、戦前とは違って、徹底した民主主義国家に奉仕するという考え方で統一されていることから出発する。

また同時に隊内では、さきに挙げた三つの制度上のメリットから、幹部と一般階層との間に一致団結しようとする気風が定着する物的な根拠が与えられる。これを徹底して隊員の意識にも反映させようとする幹部の努力、すなわち幹部が率先して上級指揮官の命令指示に服従しようとする努力が、一般隊員の間にも、規律に対する服従、さらに上級者の指示命令を徹底して忠実に実行しようとする気風を植えつけられる最大の要素なのである。

この意味で日本の自衛隊は、正しく日本経済の強さを反映して、隊員の士気においても、モラルにおいても世界一の水準を達成したと評価してよい。

第四節　企業と軍隊の違いと共通点

同じ「人間集団」

企業も軍隊も、同様に多くの人間が集まって構成している「人間集団」である。企業を運営し、多くの従業員にやる気を引き出すにも、同時にまた、命令を与えられた国家から、すなわち具体的には国家を代表する政府から与えられた命令に忠実に服従して、その命令どおりの軍事行動を展開しようとする軍隊も、同様に「人間集団」なのである。

したがって、企業でも軍隊でも、それを構成する多くの人間にやる気を発揮させ、同時に、与えられた指示命令に従う高い規律とモラルをつくり上げるための手法は、多くの共通点を持っている。

こうしたなかで最も重要なことは、実は同じ「人間集団」であるため、いくつかの共通した原則があることである。たとえば指導者と集団を構成する一般従業員あるいは一般隊員との間の経済的条件の格差、生活条件の違いをできうるかぎり小さなものにするという努力、さらにまた、一般従業員、一般隊員から、能力と努力しだいで、しだいに上級の職務に昇進しうるという平等な制度、さらにまた、経済的条件の格差の縮小からくる指導者と一般従業員あるいは一般隊員との間の共通した意識の確立など、日本的経営管理方式、経営方式の優れたポイントが、いわば全体としてのやる気とモラルを高める決定的な手段になることは、これまで述べてきたとおり、誰にも否定できない大きな役割を果たしている。

と同時にもう一つ重要なことは、こうした「人間集団」に属するそれぞれの構成員が、自らの好みと希望に従って、それぞれの生活あるいは趣味を満足させるだけの寛容さ、つまり個人生活と組織内での行動とを区別し、さらにまた個人生活の自由を互いに認め合うという寛容さである。こうした個人生活に対する相互の不干渉、言い換えれば自主性の尊重を今後の経営活動の基本に据えなければならないのは、世界的な経営環境の変化のためである。

実はこうした個人生活の尊重、それは同じ「人間集団」である軍隊の場合には適用できない。二四時間同じ指揮官のもとで、同じ命令指示に服従しながら行動しなければならない軍隊では、一年に一定期間与えられる「休暇」以外の時間では、全員が同じ生活条件、同じ任務、すなわち行動の目的に治った行動を要求される。そのなかで個々の隊員が自分だけの希望あるいは好みを主張することは許されることではない。

まったく違った目的

もともと企業と軍隊とは、同じ「人間集団」でありながら、その目的とするものはまったく異なっている。軍隊は国家権力を代表して、国家の意志、すなわち政策を暴力的に遂行するための武装集団である。かれらの目的とするものは「破壊」であって、「建設」あるいは「生産」ではありえない。軍隊それ自身が「人類に役立つ価値」を生むことは絶対にないのである。

これに対し「企業」は、何よりも利潤の追求がその目的である。利潤を生むためには何よりも、それが形を持ったものであれ、あるいは「情報」という形を伴わないものであれ、企業の目的とするものはいずれも「生産」である。

この「破壊」を目的とする軍隊と「生産」の実現を目指す企業とは、おのずとその性格に大きな違いが生じてくる。軍隊は「消費者」であり、企業は「生産者」なのである。

こうした本来の役割の違いはもちろんのこと、同じ「人間集団」といっても、両者のさまざまな違いはその内部の構成、あるいはそれぞれの構成員たちに対する役割と、それに対して与えられる褒賞のあり方そのものにも大きく影響する。端的にいって、軍隊ではより少ない自らの損害でより多くの「破壊」を敵に与えたものが勇者であり、企業では、より少ないコストでより多くのものを「生産」した従業員が企業での功労者となる。それだけではない。同じく「人間集団」を構成する個々の人間にとっても、軍隊はごく限られた「休暇」の間こそ、厳しい規律と指示命令から解放されて、自らの個性に沿った生活を許されるが、企業では、定められた労働時間外の行動はすべて、それぞれの個人の自由な生活なのである。

こうした違いは、企業では徹底して「個性」を発揮する機会が与えられるのに対し、軍隊ではこうした機会はきわめて稀だという、対照的な管理方式がとられることにもつながる。

この目的の違いは、軍隊と企業とでは当然発生する本質的なものである。この違いを無視したときには、企業はたちまち倒産してしまう。戦後、とくに旧海軍の人事管理、教育制度を導入しようとした一連の企業が、けっきょく倒産に追いこまれ、経営者が交代させられたのも、この原則を理解しなかったためといってよい。旧海軍の人事管理方式それ自体も、けっして万能ではなく、多くの欠陥を持っていただけでない。そのまま企業に持ち込んではならない側面があることに気づかなかった経営者は、倒産する以外にない。経営者が「武士の商法」のために行き詰まったのではない。

日常的活動と戦闘との差

企業が目指している「生産」は、何よりも市場を通じての激しい競争で、より優位な結果をもたらしたものであるかどうかを通じて、その成果が検証される。それだけに、企業が行う「日常的活動」、すなわち「生産活動」は、一つ一つの個別の部分的な改良の積み上げ、あるいはまたきわめて細かいコスト切り下げの努力の集積といってもよく、その過程は、はるかにゆったりとした、同時に連続したものにならざるをえない。

これに対し軍隊の行う「戦闘」行動は、その目的が敵の戦力の「破壊」であり、それを通じて敵の軍隊があるいは敵国が戦争を通じて自らの意思を貫徹しようとする決意を失うことである。その場合には、当然のことながら、より厳しく、かつまた敵の戦力を「破壊」するために、より断固たる決意を持ち、かつ決意的な地点と瞬間にすべての力を爆発させるだけの戦力の集中が求められる。

「戦闘」行動はしたがって不連続であり、全体的な戦力のバランスから見て決定的な地点と瞬間に、持てる戦力を一気に集中して敵の戦力を「破壊」することに成功した軍隊が、戦場でも、また戦争でも勝利者になる。そこに「戦闘」と日常普段の地道な活動の積み上げを必要とする企業の「生産活動」との間に決意的な差があるといってよい。

軍隊では、こうした決定的な地点と瞬間にすべての戦力を集中して敵の戦力を圧倒し、「破壊」することのできる決断力と判断力を持つ指揮官が最も強い個性を求められる存在であるのに対し、ある軍隊の他の下級指揮官たち、すなわち彼の指揮命令に従う指揮官たちは、忠実に彼の命令指示に服従して行動すればよく、そこでは強い個性を発揮するわけにはいかない。いい換えれば、軍隊では最高指揮官に最も強い個性が求められるとしても、それを構成する圧倒的な大部分の人間には服従のみが求められるのであって、自らの個性を発揮する機会を与えることもできず、また発揮することを許してはならないのである。

ここにも軍隊と企業との大きな違いがあるだけではない。実は、どちらがより個性的な人材をより多く必要とするか、その結論はおのずと明らかである。したがって軍隊内部では、個々の隊員たちはもっぱら忠実に上官の命令指示に服従すれば十分であり、そのなかからしだいに高い地位に昇進していく指揮官のごく一部に、強い個性の持ち主があれば十分なのである。

だが、こうした強い個性の持ち主を平時から見出し、その個性を発揮する機会を与え、かつ、より強い個性を持たせようとすれば、当然のことながら、軍隊内部の規律あるいは秩序と衝突することが少なくはない。独創的な軍事理論家は、ほとんどの場合、軍隊内部から排除され、かつまた高級指揮官の地位から追われるのが平時の軍隊の運命である。第一次大戦後急速に発達した空軍の戦略的な地位を主張した米国陸軍のミッチェル将軍、イタリア空軍のドウエ将軍など、その好例といってよい。

また、いったん戦争が始まり、そこで際立った戦果をあげ、かつ強い個性を自らの行動と実績を通じて証明した将軍は、これまた急速な昇進を保障される軍隊でなければ、戦闘にも戦争にも勝利する機会はない。

第二次大戦でドイツ軍の最も著名な高級指揮官であったロンメル元帥は、大佐から最高位の元帥に昇進するまで、わずか四年半であった。第二次大戦で米国に勝利をもたらしたアイゼンハワー元帥も、第二次大戦が始まったときにはようやく大佐にすぎず、戦争が終わるまでの五年間に、一躍元帥に昇進している。ソ連軍でも、ジューコフあるいはロコソフスキーなど、第二次大戦で有名な実績をあげた将軍たちは、いずれも四〇歳代前半でその地位に就いている。これは、実戦の成果と同時に、彼の個性の強さがこうした急速な昇進をもたらす最大の原因であった。

第二次大戦を闘った日本陸軍、海軍では、こうした思い切った急速な昇進を遂げた高級指揮官はいない。平時の官僚的な人事管理方式にとらわれていた日本陸軍、海軍は、結果として戦場において強い個性を発揮し、戦闘に勝利しえた高級指揮官を抜擢して最も重要な地位に就ける代わりに、あくまでも平時の基準で昇進を律するというやり方から一歩も出られなかった。その結果が、優勢な兵力を持ちながら戦闘に敗れるというケースがきわめて多かったことを説明している。

個人的評価の共通性

企業においても、こうした経営者の強い個性、さらにまたかれの指示命令に従いながら企業活動を展開する中核となる中間管理職者の個性の発揮がきわめて重要なのである。だが同時に、さきに挙げたように、「生産活動」そのものが個別の、きわめて煩瑣《はんさ》な、しかも細かい神経を必要とする部分的な改良あるいは修正の積み上げを通じてのみよい成果をあげられるとすれば、こうした細部の、しかも継続的な努力をうまずたゆまず展開する従業員、かれらを刺激し、やる気を引き出し、努力を継続させる中間管理職者の役割は、軍隊内部の指揮官と兵員との関係以上に厳しく評価されなければならない。

同じ「人間集団」である以上、当然のことながら、その目的をより少ないコスト（あるいは損害）で達成するために優れた手腕を発揮する指揮官あるいは中間管理職者は、それなりの評価を受けなければならない。そこに、同じ「人間集団」であるという事実から生まれる個人的評価の共通性がある。率直な表現を使えば、軍隊ではより「破壊」の能力を備えた指揮官が高く評価され、企業ではより合理的な管理を実行できた中間管理職者が優秀者としての評価を受ける。いずれにしても、両者ともこうした個人的な評価の積み上げを通じて、他方は責任ある高級指揮官の地位に、企業では経営者の後継者たるべき候補としての評価を受けることになる。

問題は、こうした選別の過程ではない。軍人の場合、幹部として採用された青年のなかから、しだいに昇進していく過程で高い教育を受け、視野の広い高級指揮官に適した人物を選抜するのが基本である。平時の軍隊は基本的に教育機関であるため、その指導にあたる幹部の実績を評価するには、意外に困難である。演習を通じて指揮官の能力を評価するのが、その実績評価の基準になるが、いくら戦闘に近い状態を目指しても、やはり演習は実戦とは大きく異なる。何より戦闘との違いは、実際に死傷者が出るか出ないかである。演習では、死傷者を出してはならない。比較的はっきりしている戦技（戦闘技術）の評価一つをとっても、艦砲の命中精度を高めることだけに熱中しても、それは必ずしも戦闘効率の高さを意味しない。爆撃をとっても、対空砲火の弾幕を突破して、目標に接近しようとする爆撃機と平時の演習において、こうした防御砲火のない状態での動作とでは、まったく質が異なる。

こうした制約がある以上、平時の演習と実際の戦闘との間にはきわめて大きい開きがある。とすれば、演習を通じての指揮官の評価は、そのまま戦闘での評価とはまったく関係がない。したがって、軍隊の幹部の評価は、おのずと形式的なものにならざるをえない。

これに対して、企業の場合は実績そのものが決定的な役割を演ずる。企業の実績は、何よりも収益によって表現される。はっきりいって利益があがるなら、経営者はその成果を高く評価される。企業内部では、部門ごとにそれぞれ収益の源泉を明らかにできる。どの部門でも、それぞれの年度における決算が定められ、売上げ、それに見合う経費にも一定の枠が定められている。

この予算を可能なかぎり守るだけでなく、この予算の許す範囲において、可能なかぎりの成果をあげるのが、その部門を担当する中間管理職者の評価の基本である。企業のなかには必ずしも売上げにつながらない部門が少なくない。たとえば研究所では予算が定められても、その範囲内でどういう研究成果をあげられるのか、その成果が将来企業の収益にどういう利益をもたらすか、この判断が研究所の運営に責任を持つ管理職者への評価を左右する。また広報部門では、企業イメージを高めるのがその役割だが、その成果を評価するのはけっして簡単ではない。こうした社会とのつながりに関係する部門の成果を、どのように評価するか、それは複雑な性格の問題である。としても軍隊に比較するなら、評価の基準は明確である。広報部門の評価をとれば、企業イメージの高まりを具体的に示す証拠を担当者はいくらも示すことができる。その証拠に基づいて広報部門を評価することが可能である。

研究所にとっても同様である。研究成果の評価は、それが新商品となって市場に出現したときに、評価されるだけでない。そこまでいかなくとも、研究者の間での評価を示すものとして、関連する学会あるいは研究者のなかでの評価が、その根拠となるからである。

製造部門での評価は、もっとはっきりしている。生産コストを引き下げ、より品質を改善する努力は、たちまち具体的な数字によって示されるからである。

企業部門での実績の評価は、いずれにしても激しい市場の競争によってもたらされる。この評価は連続的であり、しかも日常的なものである。従業員に対する評価も、同様に連続的であり、日常的なものである。それが、徹底して現実の競争市場のなかで進められるかぎり、幹部の選抜についてもまったく同じように日常的に評価が下されることになる。この連続性、日常性の有無が軍隊と企業内部との人事評価の違いをもたらす根本的な差となる。

やる気を引き出す手段の共通性

こうした評価の基準の共通性は、それはまた同時に、それぞれの構成要員に対するやる気を引き出す手段の共通性にもつながっていく。つまり、企業であれ、軍隊であれ、何より重要なことは、徹底した実績主義を基本としなければ、構成員全体のやる気を引き出し、それぞれの目的を達成するための有効な手段を講ずることができなくなるからである。

「破壊」を目的とする軍隊では、当然のことながら、こうした個人的評価を厳しく実行して、戦場で優れた成果をあげ、大きな功績を示した軍人には、急速な昇進、さらにまた高級な勲章の授与、さらにマスコミを通じてのかれの功績の宣伝など、あらゆる手段を尽くしてかれを全軍のモデルとして持ち上げる。それが、軍隊を構成する兵員全体、さらにまたその軍隊を後方から支え、戦争に協力する国民の士気を高めるうえにきわめて大きな役割を果たす。

企業では、軍隊とは違って、国家権力を使ってのこうした功績ある個人の表彰あるいは宣伝による名声の高まりといった手段を持ち合わせていないが、企業はそれなりに、全従業員のやる気を引き出す手段として、実績主義に基づく昇進、昇給、さらに配置の転換など、いろいろな手段を講じて、軍隊と同様、高い実績を発揮した従業員のやる気をいっそう高め、またかれをモデルに、他の従業員のやる気を刺激する方策を講じざるをえない。

こうした点の個人的な評価の共通性が、どの「人間集団」においても、やる気を引き出すための絶対的な前提条件となる。こうした実績主義による個人的な評価の基準が確立しないか、あるいは確立することがきわめて困難な「人間集団」、たとえば大学など、教育機関においては、とかくそれを構成する人間のやる気あるいはモラルが弱まり、低下することは避けられない。

同じ官僚組織であっても、たとえば司法機関などでは、実はその目的としているものがあまりにも抽象的であり、かつまたそのときどきの政治情勢によって大きく動かされるという制約から、これまたきわめて個人的評価が困難であり、その結果として、実績主義に基づく人事管理方式を導入しえず、それがまたこうした人間集団を構成する個々の人間のやる気をいっそう弱めてしまう。

こうした事実を民間企業の経営者は十分考えなければならない。実はやる気を引き出す手段の共通性といっても、それはまず第一に、行動の目的が共通したものでなければならず、同時にまた個人評価の基準も、それを構成する全員の納得と承認、理解を得たものでなければ、結果としては依怙贔屓《えこひいき》な、すなわち不公平な人事管理がまかり通ることになって、やる気を引き出そうとした手段が逆効果をもたらすことがけっして少なくないからである。

こうした意味では、やる気を引き出す手段を決めるさいにもきわめて慎重さが求められる。十分にいろいろな条件を考慮し、かつまた全従業員の理解と承認、さらに支持を得た手段を明快な形で示さなければ、結果としてのやる気が強まるどころか逆に弱まることもきわめて多い。この点にこそ、実は人間集団の管理の難しさがあるといってよい。

第４章　第二次大戦での軍隊の実績

第一節　世界で最も強い軍隊

「勝てば官軍」は誤り

日本には昔から「勝てば官軍」ということわざがある。その意味は、とにかく勝てば戦争の経過などは問うところではないというのである。このことわざが示すのは、とにかく戦争に勝ちさえすれば、あとはいっさい勝った側の論理がまかり通るということにも通じる。しかし、これでは、敗者はいっさいの発言を封じられ、すべてが勝者の主張によって決定されることになる。

第二次大戦は、人類がこれまでに戦った戦争のなかでも最大の規模だったし、敗戦国は無条件降伏を強いられたために、戦後戦争責任をすべて押しつけられ、また戦争の経過についての論議でも、戦勝国の主張が一方的に敗戦国に承認を強要された。たとえば、個別の戦闘において、戦勝国の軍隊が敗戦国の軍隊に敗北したとしても、それは歴史的事実として認められなくなった。戦後の戦争裁判でも裁かれたのは、敗戦国の政治家、軍人に限られ、戦勝国は残虐行為の責任を問われたケースはまったくない。戦争法規に違反した行為にしても、戦勝国の侵した行為はその責を問わないのに、敗戦国側については厳しすぎるほどの摘発が、戦勝国の権利として実行された。

現実には、個別の戦闘で勝利した軍隊は必ずしも戦争に勝てたわけではない。戦争の勝利は、戦闘の勝利とは次元の異なる問題だからである。それを混同してしまえば、客観的な冷静な判断は生まれないし、戦争の経過から多くのことを学び、その教訓を後世に残すこともできなくなる。「勝てば官軍」という考え方は、ただ誤っているだけでなく、恐るべき思想の退廃をもたらす。

戦闘効率は測定できる

第二次大戦で戦った多くの国の軍隊のなかで、それぞれ高い士気を維持し、指揮官の統制下に服従しながら、困難な状況に直面しても一糸乱れず、戦闘に耐え抜いた軍隊もあれば、優れた兵器を大量に供給されながら、その使用に熟練することなく、戦力の発揮が十分でなかった軍隊も、あるいは無能な高級指揮官の下にありながら、下級の将校、兵員は無類の勇敢さと剛《ごう》毅《き》さを示した軍隊もある。

では、どの国の軍隊が最も高い戦闘効率を示したかといえば、それは敗戦国の軍隊といえる。ドイツ軍、日本軍の戦闘効率は、戦争に敗れたにもかかわらず、相手方の米軍、英軍、ソ連軍を上回っていたといえるだろう。戦争の敗北とこうした戦闘効率の高さとは一見予盾するかに見える。しかし、実際には両者の関係は、予盾しない。戦争は政治家の仕事であり、戦闘は軍人の任務だからである。戦闘効率を測定する手段もある。『戦争の天才たち』（ジニアス・フォア・ウォー）という著書のなかで、軍事史家として知られている米国陸軍のデュピュイ大佐は、第二次大戦中に経験したドイツ軍と米軍との戦闘、その結果を総括した。その方法は、一戦闘での交戦軍の全兵力に対する損害の比率を対比することである。たとえば、戦死、負傷、捕虜（行方不明）を合計して、一〇％の損害を出した軍隊が、二〇％の損害を出した敵軍に対して勝ったとすれば、その戦闘効率は一対二となる。もちろん兵力の差が大きな問題になる。一方の兵力が他方よりも一対三の差があるとすれば、少数の軍隊が負けるのは当然かもしれない。

だが、兵力の差があっても、必ずしも少数の兵力が多数の兵力を持つ軍隊に負けるとは限らない。かつて、日本の軍隊は「寡をもって衆を破る」ことが可能であると信じよと教育した。また、こうした戦例を探し求め、それを分析して教訓を引き出し、その実績をあげた指揮官こそ、最も有能な将校であるとして、指揮官を教育する基準にしようとしたが、こうした目覚ましい成功を収めた前提条件は何であるかについての分析は、きわめて不十分であった。その結果、日本軍将校の教育は抽象的な原則論一本ヤリ、精神論一点張りのものになってしまい、戦場での千変万化の情勢に機敏に対応する能力を養成することができなかった。

損害比率の比較

軍隊が戦闘すれば、必ず損害が出る。戦闘は相手軍隊の戦闘力を破壊するのが目的だから、戦闘は必ず損害を伴う。戦闘の結果、ほとんど例外なく勝ち負けが決まる。戦闘に結末をつけることができず、両軍とも戦力を消耗し尽くし、戦闘が中断することも例外的にないではない（この状態を日本陸軍は「交綏《こうすい》」と呼んだ）。

戦闘に勝つというのは、戦場を支配することである。勝った側は戦場を支配し、敗れた側は戦場から撤退する。場合によっては、勝った側が戦場を自主的に放棄することもないではないが、これはきわめて数の少ない例外である。とくに、損害が短時間に集中的に発生する傾向の強い戦車戦では、戦場を支配する側はそこに残された動かない戦車を回収できるが、戦場を放棄すれば損害を受け、一時的に動けなくなった戦車を敵の手に委ねることになる。戦場を支配した勝者は、味方の戦車はもちろん敵の戦車も回収して、修理して再使用することができる。

また戦場からの撤退には、敵の追撃を受ける公算が大きい。敵に後ろから射たれると、きわめて損害が多発する。敵の追撃を受けながら、負傷者を収容しようとしても、敵の射撃がますます激しくなるなかでは、事実上不可能になることが多い。かれらはそのまま戦場に放置して、敵の手に委ねるほかはない。兵器にしても、一部に損害を受けたものは、その移動速度が低下するために、安全地帯に運びだせないまま放棄される。さらに追撃してくる敵の部隊によって退路を遮断されて、行動の自由を失うことも多い。かれらは、敵に降伏することになるだろう。戦闘部隊に補給するために戦場に送られてきた補給品も、敵の追撃する速度よりも早く後方に送り返すことはまずできない。そのまま放棄するか、その場で火をかけて尽滅することになる。

このように、戦闘に勝った側は、敗れた側に比べて損害が少なくなる。また戦闘に勝って、戦場を支配する側は、追撃によってより大きい損害を敵に与えることができるから、それだけ一段と戦闘による損害の比率は勝った側と敗れた側との開きが大きくなる。したがって、戦闘での効率を測定するには、交戦両軍の損害比率を比較するのが最も有効かつ適切な方法となる。

負傷者復帰率を高める

戦闘によって発生する損害のなかで、戦死者はそのまま全損となるのはいうまでもない。負傷者の場合、そのなかのかなりの部分は病院で治療を受け、再び戦闘に従事できる状態を回復することができる。国によっては、戦場で負傷すればそのまま本国に送還して二度と戦場に送らない制度をとることもあるが、第一次大戦を転機にして、負傷者であっても治癒後、再び戦場に送るのが常識になってきた。その理由は、訓練された兵員を、軽い負傷だけを理由に戦場から永久に遠ざけるのは、大きいマイナスだとの認識が生まれたのと同時に、負傷者の戦場での収容、その後の治療が適確に行われるならば、負傷からの回復がきわめて早く、かつ成功率が高くなったためである。医学の進歩によって、治療技術が著しく進歩し、かつては回復不能と考えられた部位の負傷、たとえば腹部や貫通銃創は日露戦争では必ず死ぬとされたが、第二次大戦では手当てさえ早ければ回復できる負傷となった。

戦場で負傷しても、ほとんどの場合回復できるとなれば、戦闘にあたって兵員はより勇敢に動作する。負傷者の収容、後送が迅速、適確に実施され、完全な治療が保障されることで、負傷後の転帰が良好であれば、それだけ負傷者の回復率、戦場への復帰率が高まるから、全体としての戦闘力の減耗は低くなる。これに対して、負傷者の収容、後送が不可能あるいは遅延し、治療技術が低劣であれば、負傷者の回復率は悪くなる。他の軍隊なら、十分回復できるはずの負傷者が、そのまま死亡するなら、全体としての戦闘力に受ける打撃が大きくなるだけでなく、次に述べる兵員の戦闘意欲を著しく低下させる。

戦意の維持

兵員が戦闘を積極的に遂行しようとする意欲を失えば軍隊は戦闘力がなくなる。指揮官の命令どおり、戦闘を遂行しようとする意欲がなくなれば、その瞬間に軍隊の秩序は崩壊して、単なる武装した人間の集団になってしまう。

　では、兵員の戦意を維持するために、とるべき手段はどういうものがあるのか。そのなかには、国家あるいは政府が提供するものと、現地の指揮官が兵員に与えるものとがあるが、指揮官は政府の命令どおりにしか行動できないから、戦意を維持する手段は基本的に政府の責任ということになる。ただし、指揮官は部下の兵員との間に個人的な強い信頼関係を確立することができれば、政府が提供した手段以上に兵員の戦意を高めることも可能である。しかし、それには一定の限界がある。いくら有能でかつ個人的に影響力のある指揮官であっても、長時間にわたって補給を遮断されたまま、軍隊の戦意を維持することは不可能である。

　戦意を維持する手段としては、何より兵員の生活状態を安定させることが重要である。食糧その他戦闘というよりも生活に欠かせない物資が、必要なだけ補給されないなら、兵員は栄養状態が悪化し、戦闘を遂行するどころか、生活することすらできなくなる。次には、戦闘によって功績をあげた兵員に対して、昇進あるいは勲章の授与、表彰といった手段をとることである。さらに負傷してもただちに後方に送還し、確実に治療できる体制を保障することも必要である。

命令を絶対守らせる

　軍隊にとって最も重要な問題は、指揮官の命令どおり行動させることである。それには軍隊内部での「秩序」を完全に維持しなければならない。巨大な階層組織である軍隊では、それは上級の指揮官の命令に、下級者が絶対に服従することを意味する。上級の指揮官が個人的に気に入らない場合であっても、かれの命令に、下級者が服従する義務がある。この原則を徹底的に教育しておくだけでなく、日常の行動においてもたえずこの点についての教育を繰り返して、上級者の命令に服従する習慣を身につけさせる必要がある。この努力を怠ることは、そのまま軍隊の「秩序」を崩壊させる第一歩である。

日本陸軍の場合、この点についての教育はきわめて不十分だったばかりでなく、昭和に入ってからは「独断専行」の名にかくれて、上級者の命令を無視あるいは否定する行動が、事実において奨励されることが多くなった。満州事変の発火点となった柳条湖の満鉄線路爆破など陸軍中央部の一部と連携した現地の関東軍司令部による陰謀であった。その中心人物だった高級参謀の石原莞爾《かんじ》大佐は、こうした行動によって処罰されるどころか、逆に褒章を受けた。この独断専行が、命令の違反として処罰されず、その成果さえあがるなら、逆に褒賞を受けたという事例が示されたため、その後六年たって中国本土に戦火が広がったときに、今度は参謀本部作戦部長として陸軍の中央部にあった石原少将は、現地軍の命令違反行為を阻止できなくなってしまった。その結果は、国力に不相応の第二次世界大戦に日本を追い込むことになったのである。

軍隊にとっては、何より「秩序」の維持が優先する。この点の認識を失った指揮官は高級であればあるほど、国家にとっても軍隊にとっても、重大な脅威となる。

掠奪暴行の制止

戦闘中の軍隊が、勝敗にかかわりなく、戦場にある民間人に対して掠奪暴行を働くことは、けっして少なくない。戦場で見つかる民間の財産保有者、あるいは婦女子は強力な武器を持つ兵員に対して抵抗することはできない。この抵抗力のない弱者は、強者である軍隊にとっては、絶好の獲物とかつては考えられてきた。古代は、こうした弱者を殺したりあるいは持ち物を奪うのはもちろん、かれらを捕えて奴隷に売るのも勝者の権利とみなされた。その伝統は、近世にまで存続している。近代に入って、戦争が国家の意志を貫徹するための行動の一つと認識されるようになって初めて、民間人に対する軍隊の暴行は極力制限しなければならないものと考えられるようになった。

したがって軍隊による民間人に対する掠奪暴行は、軍隊にとって許されないものと考えられることになったが、抵抗力を持たない弱者に対して、強者が思うままに振る舞うのは、まことに気楽なものであるだけに、こうした行動を全面的に抑止することは、けっして容易ではない。それには、指揮官の強い意志と同時に厳しく規律を守ろうとする努力が必要である。たえず「秩序」を守り、規律に従うことの重要性を兵員に教育するとともに、掠奪暴行した兵員がわかれば、ただちに軍法会議にかけて厳しく処罰すると同時に、その事実を公表する努力を重ねるなら、兵員も自然と行動を慎むことになる。

ときには、軍隊がその必要とする食糧その他の物資を徴発したり、あるいは宿泊のために民家に入り込むことも多い。こうした行動にあたって、鍵《かぎ》のかかっている民家の戸を破壊することもある。この場合に、徹底して規律を守らせるのは、指揮官にとって容易なことではない。将校の目が行き届かないこともある。戦闘で疲れきっている兵員に対して、次の日も再び命を的にした行動を要求しなければならない下級将校にとって、まず第一に優先的に考慮しなければならないのは、部下の兵員に十分の食糧を与え、寝られる場所を確保してやることである。そのときに、部下の兵員に対して住民のことを配慮して行動せよと要求するのは、かなりの理性を要求される。

炊事に必要な燃料がないのに、住民の家具をこわして燃料にしようとする殺気立った兵員を制止するのは、下級将校にとっては部下に対する配慮と住民の保護とのどちらを優先するかの選択がつきまとう深刻な問題を意味する。こうした状況に軍隊と下級将校を置かないためには、あらゆる物資の補給を十分確保する必要がある。それは高級指揮官とその背後にある政府の課題である。

このように「掠奪暴行」の問題をめぐって、軍隊の行動を規定するのは、単なる下級指導官あるいは兵員の心構えではない。ソ連軍が第二次大戦末期、満州、東欧諸国あるいはドイツの占領地で行った「掠奪暴行」のすさまじさも、その背景にはソ連の最高指導部の政策がある。

同じことが、数こそ少ないとはいえ、米軍、英軍がドイツで行った「掠奪暴行」とは、かなりの性格の違いがある。掠奪暴行は軍隊の規律を崩壊させる。指揮官としては、こうした行動を制止しないと戦闘力に大きいマイナスをもたらすとの認識に立たなければならない。それはけっして容易な仕事ではないことも、否定できない事実である。としても、この問題を解決することが軍隊にとって、重要な課題である。

第二節　ドイツ軍

ソ連軍に敗れた理由

かつてドイツ陸軍は、世界最強の軍隊と評価されていた。第二次大戦でも一九三九年のポーランド作戦、一九四〇年の西方作戦、一九四一年のバルカン作戦、さらにソ連作戦ともすばらしい成功であり、その戦闘力、個々の部隊の戦闘能力の高さに世界中は目を見張った。そのドイツ陸軍がソ連軍になぜ敗れたか、その原因はどういうところにあるのかは、単に軍事専門家にとっての関心事ではなく、世界的に広く注目される大事件であった。

この問題に対して多くの著書が戦後出現したが、そのなかで著者がまず第一に知ったのは、戦時中ド・ゴールの軍事代表としてモスクワに在勤したフランスの軍人、ギョーム中将の『赤軍：その勝利と実力』(一九五二年刊、邦訳、黄土社刊)である。一九四一年にドイツの奇襲攻撃でほとんど壊滅に近い打撃を受けたソ連軍が、一九四二年スターリングラードの会戦に勝ったあと、次々にドイツ軍を撃破して、ついにベルリンを占領して、ナチ・ドイツを敗北に追い込んだ。その理由として、ギョーム中将は①広大な国土と大きい人口、②スターリンの指導力、③ソ連国民の忍耐力、④ソ連の軍需工業力とその再配置、⑤ソ連軍指揮官の能力などを挙げている。そのなかでも、ソ連の政治体制がナチのそれよりも一段と優れていたことを強調している点が、フランスの軍人の著書だけに、世界の注目を集めた。

当時、ドイツとの戦争に勝利したことが、共産主義制度の優位性を示す何よりの証拠とする考え方が、戦争中のドイツへの恐怖感の裏返しとして、定着していただけに、こうした考え方にひきつけられる雰囲気が、長い間世界的に生き続けたのは否定できない。ギョーム中将の著書は、それなりに評価されるべき資料に違いないが、いまではさらに冷静なかつ客観的な研究も数多く世に問われており、かれの挙げたソ連の勝因は必ずしもそのまま承認されているわけではない。

いまになってみると、ソ連のドイツ軍に対する勝利の原因は、何よりも国力のすべてをあげて戦争に集中できた強権体制である。戦争中のソ連国民の生活状態は、日本人にも考えられないほどの厳しいものであり、食糧を含めあらゆる生活資材が、軍事目的に動員されただけでなく、共産党の指令によってあらゆる国の資源を戦争目的に集中する体制が、ソ連には一九三〇年代の計画経済を通じて、完全に定着していた。こうして動員した人員、経済力をすべて戦線に集中し、損害をまったく考慮しない「人海戦術」を展開することが可能になった。個別の戦闘において、ソ連軍はドイツ軍に数倍する人的、物的な損害を蒙《こうむ》りながら、それに耐えるばかりか、たちまちそれを補充して新しい戦闘を開始する能力を発揮できた。この意味では、スターリンの支配するソ連は、文字どおり「国家総力戦」の典型を実行したといってよい。ドイツ軍は、多正面戦争を強行したために、ソ連戦線に国家の総力を集中することができず、国力を分散してしまった。個々の戦闘において、ソ連軍に打撃を与えても、それをさらに大きく発展させるだけの戦力の補充ができないまま、次々に攻撃してくるソ連軍の圧倒的な優勢に押しつぶされてしまった。

米軍との対比

ドイツ軍が米軍と直接戦闘したのは、一九四二年のアフリカ作戦、チュニジアでの戦闘である。それ以来、一九四三年のイタリア作戦、一九四四年のノルマンディ上陸作戦、フランス作戦、その年末から翌年初めのアルデンヌ（バルジ）作戦、さらにドイツ本土作戦と第二次大戦の後半は、西部戦線の戦闘は主として米軍が担当した。

米軍もソ連軍と同じく、ドイツ軍を数量の優勢で圧倒する以外に、勝利する手段を持ち合せていなかった。さきに挙げたデュピュイ大佐の研究によれば、第二次大戦中の米軍とドイツ軍との師団あるいは軍団ベースの戦闘七八回を通じて、ドイツ軍は自軍の受けたよりも二三％多い損害を連合軍に与えている。東部戦線では、ソ連軍はドイツ軍よりも八八％多い損害を受けており、それと比較すれば西部戦線はいくらかましだが、ドイツ軍の戦闘効率の高さには変わりがない。

兵器の性能

ドイツ軍がこれほど優秀な戦闘効率を示したのは、数は少なくとも性能において格段の差がある兵器を装備していたためか。たしかに、ドイツ軍は優秀な兵器を与えられていた。ドイツのティーゲル戦車は、東部戦線ではソ連軍の主力戦車、T-三四に対し、西部戦線での米軍の主力戦車シャーマン戦車よりも、装甲も火力も優っていた。戦闘機でも、ドイツのメッサーシュミットF-一〇九は、英軍のスピットファイア、ハリケーン、ソ連ヤク九型に優り、米軍のサンダーボルトに匹敵し、F-五一ムスタングに劣るだけだった。爆撃機では、開発計画の失敗でドイツは米軍のB-一七に匹敵する能力の爆撃機を持っておらず、大差をつけられていた。その他の兵器については、ドイツ軍はソ連軍、連合軍に対し、けっして性能上で圧倒的な差のあるほど優秀な装備を保有していたわけではない。ほぼ互角の装備でドイツ軍は、第二次大戦を戦ったといえる。

物量戦はとらない

とすれば、戦闘に投入する兵器の量でドイツ軍は、圧倒的に優勢だったともいえない。個別の戦闘に投入される兵器の量は、兵員の数にほぼ比例する。近代的な軍隊では、どの国の軍隊でもその細部の編成はほとんど差異がない。もちろん、国によって若干の差はある。たとえば、米軍は歩兵の基本装備をガラント半自動銃とし、ドイツ軍、英軍は旧式や連発銃、ソ連軍は自動銃を装備するなどの違いはあっても、それ以外の装備は部隊の細部編成に差がない以上、まったくといってよいほど違いはない。とすれば、個別の戦闘に投入される兵器の量は、兵力量に比例することになる。

あとは、その補給量、とくに弾薬の消費量である。一門の砲から発射できる弾の数は、せいぜいのところ一分間に二〇発が限度であり、それ以上の連続発射は砲身を著しく衰損させるから、緊急の場合のほかは実施しないのが常識である。砲数がソ連軍のベルリン攻撃のように五万門にも達すれば、一分間五発の射撃であっても一時間で一五〇〇万発の砲弾が射ち込まれる。これに加えて、爆撃機による攻撃、戦闘機によるロケット弾攻撃、機銃掃射がある。こうした多様化した火力戦闘によって大量の弾薬を消耗するために、その補給をどのように維持するかが、第二次大戦では最も重要な課題になった。

ドイツ軍では、この弾薬補給について慎重な配慮を払っていたが、連合軍、ソ連軍のように無制限の弾薬消費を許すことはなかった。第一次大戦の経験でもそうだが、ドイツ軍の考え方は大量の弾薬を消費して敵の陣地を完全に破壊してから、歩兵を前進させるのではなく、砲兵の射撃によって敵の歩兵を陣地の内部にある掩蔽部《えんぺい》に追い込むのが、その目的であって、攻撃する歩兵は砲兵の射撃している間に敵の陣地に肉迫し、鉄条網を破壊し、射撃が続いている間に敵の陣地に突入して、陣地を守る敵の歩兵を自らの白兵、手りゅう弾によって圧倒するということであって、連合軍のように「砲兵は耕やし、歩兵は占領する」方式を否定した。この歩兵による攻撃という考え方が、一九一八年の大攻勢において、英仏軍を圧倒した原因である。

第二次大戦においても、ドイツ軍は砲撃、爆撃は敵の戦闘意欲を粉砕するというのが第一の目的とする考え方であり、いわゆる「じゅうたん爆撃」あるいは「弾幕射撃」はやらなかった。それでも、ドイツ軍は十分の効果をあげることができたのは、連合軍、ソ連軍ともドイツ軍ほど指揮官の統率力が高くなく、重要地点に集中したドイツ軍の砲撃、爆撃によって、たちまち統制力を失っただけでなく、指揮中枢が機能しなくなって、部隊がその瞬間から戦闘力を喪失したからである。

連合軍、ソ連軍とも、一九四二年からは「じゅうたん爆撃」によって、指揮中枢だけでなく、陣地全体を徹底的に破壊する戦法をとった。有名な戦例としては、一九四四年七月二五日、ノルマンディのサン・ローで米軍は三九〇〇トンの爆弾を集中投下して、前線に配備されていたドイツ軍の機甲師団全体を破壊し、そこを突破点として攻撃に成功したし、ソ連軍は同じ時期にドイツ軍の陣地に二万門の火砲による集中砲撃を加えて、中央突破を強行した。指揮中枢だけでなく、最前線から後方の砲兵陣地に至るまで陣地全体を破壊して初めて、連合軍、ソ連軍はドイツ軍を圧倒できたのである。

将校の能力に格段の差

ドイツ軍の能力、特に戦闘能力の高さは、まず第一に指揮官である「将校」の能力の高さを示している。第一線にあって指揮にあたる将校は、全体としての戦況に応じ、また自らの観察した敵の状態に応じて、指揮下の部隊を縦横に動かす能力を求められる。それには、高い戦術能力を必要とする。また戦術の基礎となる地形の評価が要求される。また指揮下の部隊の状態を正確に知って、かれらにどのような行動ができるかについても、正確で詳細な情報を持たなければならない。何より必要なのは、そのときどきの戦況の正確な判断とそれに基づく大胆な決断である。

こうした能力を身につけるには、それなりの訓練と教育が不可欠であり、ドイツ軍将校はこの点では世界で最も徹底した教育を受けてきた。これは、ドイツ軍の伝統といってもよい。ドイツ軍の将校は、士官学校あるいは陸軍大学といった学校の机の上で受ける教育よりも、演習場での実地教育を重点に訓練されてきた。

将校の選抜と教育にあたって、最も重要なポイントは平時と戦時との違いをどこまで織り込むかである。平時であれば、採用した将校のほとんど全員が、そのまま退役する時点まで勤務できる。むしろ、どのようにして有能な将校を選抜して昇進させるかよりも、無能な将校を退役させるかが、人事管理上最大の問題点になる。戦時には、これとまったく違った発想が必要になる。戦闘すれば、たえず将校に損害がでる。その補充のために教育の不十分な将校をあてるなら、たちまち指揮能力が低下する。といって、平時から十分の教育を与えた有能な将校を大量に保有しようとすれば、その経済的な負担は巨大なものになってしまう。

この点から、どの国の軍隊でも平時には少数精鋭の将校を保有する一方、戦時になって召集される予備役将校を平時に大量養成することで、戦時の需要を賄おうとする。その典型が、後節で述べる米軍である。

第二次大戦直前の再軍備にあたって、ドイツ陸軍が最も困難を感じたのは、この戦時に必要となる将校の確保であった。ベルサイユ条約の規定によって、将校の数が四〇〇〇名に制限されただけでなく、予備役将校の養成機関が禁止されたため、戦時に必要となる将校の数に著しく不足するどころか、平時兵力の拡大にすら将校の供給が追いつかない状況であった。将校の不足を補うために、まず第一次大戦に従軍し、戦後退役した将校を大量に召集し、E-将校団と称して現役勤務させた。また一九三四年には、戦後の日本でいう警察機動隊にあたる「警察隊」を国防軍に吸収したために、そこに勤務していた二〇〇〇名近い警察将校が陸軍に転役した。

もちろん、こうした補充源は限られたものであり、肉体的にも知能的にも能力が不十分だったから、もっぱら後方部隊の将校にあてられ、管理業務あるいは行政的な業務を担当させた。そこで戦闘部隊の将校には、より若い青年を採用して、かれらを訓練・教育することになった。かれらは、高学歴の青年のなかから、慎重な検査によって選抜され、徹底した教育を与えられた。戦時中という厳しい条件の下にあっても、ドイツ陸軍は将校の養成には大きな努力を払い、士官学校の課程も最低一年間を最後まで維持しようとした。徴兵された青年のなかから、学歴によって第一次の選抜を受けた青年は、まず下士官としての教育を受け、良い成績を示した青年は士官候補生として本国の士官学校に派遣され、一年間の教育を受ける。その後原隊に復帰した士官候補生は、戦闘の実績によって将校に任官する。この制度は、当然のことながら、大量の教育施設を必要とする。にもかかわらず、戦時中の兵員不足をあえて忍んで、この方式をドイツ陸軍は最後まで維持しようと努力したのは、注目に値しよう。

その結果、ドイツ軍将校の素質は最後まで高い要求を満足させるものだった。

ナチ党の影響

第二次大戦中のドイツは、ナチ党の一党独裁下にあった。ナチスがドイツ陸軍と必ずしも一致した政策を推進したわけでないのは、戦後陸軍あるいは保守勢力の側からかなり強調されているポイントだが、現実にナチ党の指導者たちは必ずしもドイツ陸軍を信頼せず、独自の軍隊として武装親衛隊を建設したのも紛れもない事実である。陸軍内部にも、いわゆる、「ナチ指導将校」の制度を導入し、ナチのイデオロギー教育を強制した。

ナチズムのイデオロギーで教育され、肉体的にも最も優秀な分子を集めた武装親衛隊が軍事的にも優れた実績をあげたかどうかは、歴史家によって評価が分かれている。武装親衛隊の指揮官は、ナチ党員のなかから選抜され、高度の軍事教育を受けた精鋭だが、実際には陸軍将校のなかから選抜され、能力によって高い地位を獲得した将校である。東部戦線での戦闘実績も、かれら武装親衛隊が優先的に新式の兵器を供給され、兵員の補充についても、より高い素質の補充兵を優先的に与えられていた点を考慮しなければならない。つまり、武装親衛隊には政治的な見地から優先的な取り扱いが保障され、それがまた武装親衛隊の士気を高めたといえるだろう。

最後まで崩れなかった秩序

第二次大戦中のドイツ軍は、重大な反乱を経験している。そのピークが、一九四四年七月二〇日、伯爵シュタウフェンベルク大佐を首謀者とする陸軍高級将校によるヒトラー暗殺未遂事件である。この事件には、多数の高級将校が参加しており、そのなかには元帥、上級大将すら含まれており、処刑された将校は六〇名を越えた。また東部戦線では、ソ連軍の捕虜となったドイツ軍将校が「自由ドイツ将校連盟」を結成して、前線で闘うドイツ軍将兵に投降、反乱を呼びかけた。さらに、ドイツ共産党員の一部は、反ナチ闘争の一環として、フランスなどでドイツ軍に対する武装闘争に参加した事実もある。

こうした動きはあったとしても、ドイツ軍内部に重大な反乱が発生し、あるいは大部隊が敵に戦力を残したまま降伏した事実はない。第一次大戦の末期のように、軍隊を巻き込む大規模な反乱が発生して、戦争の終結につながったことはない。多くの試みと努力はあったが、ドイツ軍の将兵は最後まで全力を尽くして闘ったといってよい。戦勢が不利になって、ドイツ本国が戦場になってさえ、ドイツ軍将兵の士気が全面的に崩壊したとはいえない。反乱が発生して、最高司令部の命令に違反した行動が、戦争遂行を不可能にした事実はない。この意味では、ドイツ軍は戦争に敗れはしたが、最後まで戦闘意欲を失うことなく、与えられた義務を忠実に履行したといえる。

第三節　米軍

第一次大戦の教訓を生かす

第一次大戦で、米軍はごく短期間戦闘しただけである。それも西部戦線で、フランス軍、英軍の強力な支援を受け、すでに戦力の枯渇していたドイツ軍との戦闘を経験したに止まった。

西部戦線に派遣された米軍は、全兵力で二〇〇万人に達したが、その損害は戦死者五万にすぎず、そこからも戦闘による経験が大きなものでないことがわかるだろう。

だが、こうした短期間にもかかわらず、米陸軍は多くの、しかも重大な欠陥がある事実に着目して、次の戦争に対する真剣な準備に着手した。数多くの欠陥のなかで、最も深刻なものは、将校の不足というよりその能力の不足であった。第一次大戦までの米国では、職業軍人を養成するための士官学校は、年間六〇〇名もの青年を教育していたが、さて任官後の教育が不十分で大部隊の指揮能力、あるいは作戦の立案能力はきわめて劣っていた。フランスに派遣された米軍部隊は、四〇〇〇名以上ものフランス軍将校の応援を得て、ようやくドイツ軍に対抗できる作戦能力を持てる状況であった。開戦後、一〇万名を越える将校が急速養成されたが、かれらはせいぜい小隊長、一部が中隊長という下級指揮官として従軍しただけで、大した役割を果たさなかった。問題は、大隊長、連隊長という指揮能力が最も求められる高級将校で、かれらは士官学校を卒業したあと、指揮幕僚学校（在学期間二年）で教育され、その指揮能力はかなりの水準に達しているはずだったが、その実際の能力はきわめて劣っていた。

また平時の準備がおくれていたため、兵器の在庫はほとんどなく、小銃でさえ不足していた。ましてて火砲の準備がないため、フランスからの大量の、火砲を買い入れてようやく間に合わせる状態だった。機関銃でさえ、極度に不足していた。戦車、航空機といった新鋭兵器では、さらに不足が著しく、すべてフランス、英国からの供給に依存せざるをえなかった。兵器が不足していたため、兵員の訓練もできない状態で、フランス戦場に派遣された米軍部隊は、戦場で十分の戦闘力を発揮できないのは当然である。

こうした経験に学んだ米軍は、戦後徹底した再建に取り組んでいる。将校の養成にしても、大学にいわゆる予備役将校訓練団（ＲＯＴＣ）を設置し、歩兵、砲兵など兵科ごとに専門的な教育を行い、一〇万名と平時兵力とほぼ同数の予備役将校を保有しようとした。正規将校の教育制度を充実し、戦前からあった指揮幕僚学校のほかに、歩兵、砲兵、工兵などの兵科専門学校を多数開設、さらに戦前にはなかった師団、軍団といった大単位を平時に設置して、その演習を繰り返して、高級指揮官の能力を向上させようとした。

最も欠陥の大きい軍需品、兵器の生産能力、設計開発能力を強化するために、陸軍産業大学を開設し、軍需動員の専門家を養成するとともに、兵器の開発に巨額の予算を計上した。こうした努力が結実したのが、第二次大戦である。

技術と生産力の高度化

もともと米国には巨大な工業力がある。第一次大戦でも、開戦当時こそ、あらゆる兵器が不足したが、開戦後大量の兵器が発注され、開戦後二年目には自国軍だけでなく、連合軍にも供給できるだけの兵器の量産体制が実現するはずだった。火砲をとっても、開戦後二年目には月産二〇〇〇門に達する見通しだった。

第一次大戦後、米軍が採用した方式は、平時においては新式兵器の設計開発に全力をあげ、いよいよ開戦となった時点から本格的な量産に入り、自動車工業を動員して、世界の常識を上回る大量生産方式を整備しようというものだった。そのためには、平時から特殊機械、たとえば火砲の砲身を切削、その内部にライフルを切る「砲源旋盤」を整備しておくことになった。

小銃の量産のためには、自動車工場を利用するだけでなく、最も加工の難しい銃身内部にライフルを施す機械を改良して、ブローチ盤を利用するといった新しい生産方式の開発に、陸軍は巨額の資金を投入している。

最も技術の進歩が激しい分野、たとえば航空機では国内航空路の開発に大きい努力を注ぎ、そこに大規模な国内市場を創設することで、戦時の需要に答えられる生産能力を建設しようとした。それ以上に重要なのは、巨大な工業生産能力をどのようにすれば、戦時の目的に徹底して利用できるか、その方策を検討することと、その目的を達成するためには豊富な専門的な工業上の技術知識と同時に管理技術の知識を持ち、軍事知識にも通じた将校を多数養成しておくという着眼であった。

この点では、米軍ほど徹底した努力を示した大国はない。その結果は、第二次大戦での勝利である。

軍隊の素人的性格

米国は、太平洋、大西洋という大洋によって隔てられているそれ自体が大陸国家である。南北戦争によって、国内の統一を確立した米国にとっては、戦争はあくまでも自国の外部で闘われる仕事になってしまった。つまり、米国は他国による自国への侵略に備える必要はなく、もっぱら海外遠征を準備しておけばよい。これはまことに恵まれた条件である。ということは、米国は戦争の危険に直面しても、その事実に米国の国民が気づいてから、本格的な準備に着手すれば十分なのである。欧州の大陸国家のように、いつ何時本格的な戦争に巻き込まれるかもわからない国家であれば、平時から経済力の許すかぎり、大量の兵力を整備しておかなければならないが、米国の場合にはそういう必要がないため、平時の兵力は少数でも、戦時に一挙に大動員できる体制さえ整えておけば十分である。表現を変えれば、米国では戦時にこそ国民の大多数を動員しなければならないとしても、平時には少数の志願兵制の軍隊を保有すればよい。

この地政学的な条件の下では、米軍は職業軍人の集団ともいうべき平時の軍隊を中核にして、戦時には国民の多数を軍隊に動員する体制をとれば、国防上の不安はない。このために、米軍にはいまでも素人らしさがつきまとう。

言い換えれば、たとえ訓練の足りない素人の軍隊であっても、豊富な兵器弾薬の補給を確保しさえすれば、戦争には勝てるという自信が、米国の指導部には伝統的に根強く生きている。だが、この素人軍隊に依存する考え方は、しだいに限界のあることが明らかになってきた。その点で最初の経験は、ベトナム戦争であった。

この戦争で、米軍はほぼ六カ月の勤務で本国に帰還するが、相手のベトナム軍は何年でも戦闘に従事する熟練者ばかりであり、その結果、米軍はついに戦場を支配することができなかった。組織的な火力を展開すれば、米軍は偉大な戦力を発揮する。しかし、千変万化の戦場においては、必ずしも敵軍が米軍の予想どおりの行動をとるとはかぎらない。それどころか、敵軍は米軍の特性に対抗するため、米軍の予想を裏切る方向から奇襲攻撃をかけてくる場合に、米軍が配置を敏速に変更して、敵の攻撃を迎え撃てないことから、大損害を受ける場面が増えてきた。

いくら近代兵器が発達しても、戦場では歩兵の戦闘力がすべてを決定する場合が、いまでも少なくない。米軍歩兵は、世界最高の近代兵器を装備しているが、その訓練は不十分であった。とくに現地で戦闘を指揮する下級将校の能力、部下の兵員をしっかり掌握し、戦闘にあたり兵員の先頭に立って、戦闘を指揮する能力、敵の行動を正確に観察して砲兵、空軍に適確な情報を送って、火力を巧みに組織する戦術能力に欠ける下級将校が、あまりに多く、その結果、米軍の戦闘効率はベトナム軍よりも大きく劣っていた。

やはり、将校と部下の兵員との団結が、戦闘にあたっては相互の信頼感を維持すると同時に、戦闘部隊の士気を高める決定的な要因である事実が、ベトナム戦争の戦訓として再確認されている。この点で、米軍の制度、組織はきわめて欠陥の多いものであるといわざるをえない。第二次大戦でも、同じ結論が出ている。ドイツ軍将校に比較して、米軍将校は戦術能力で大きく劣っており、敵との交戦でもとかく敵の兵力を過大に評価しがちであり、その結果、大胆な攻撃を実施することができず、敵の防御力が崩壊しているのに追撃を発起することもできないため、高級指揮官の干渉があって初めて追撃行動に出るなどのケースが多かった。

これも将校の教育が不十分、とくに戦術教育の不足、さらに実際に部隊を指揮しての行動に慣れていないのは、実戦さながらの演習が不足しているためである。兵員の訓練にあたっては、米軍は第二次大戦開始とともに、各個教練の段階から実弾を使っての訓練を導入した。どの新兵も、機関銃の実弾が飛んでくる下を潜って、匍匐《ほふく》前進の訓練をやる。演習場では、砲弾が炸《さく》裂《れつ》するなかで散開前進を訓練する。手りゅう弾を投げながらの訓練でも、実際に爆発する手りゅう弾を投げながら行動する。こうして本国の訓練の間から、米軍の歩兵は実弾に慣れることができ、戦場とまったく変わらない条件の下での行動に熟練しているから、かなり高い練度を与えられている。

個々の歩兵は、こうして高い練度を持っているのに、かれらを指揮する将校の能力、とくに戦術能力に欠陥があるとなれば、個人的な戦闘能力を無駄遣いすることになりかねない。このあたりに、素人軍隊を大量かつ即成して、戦争を遂行するという米軍の方式には、明らかに大きい限界があるといわざるをえない。

戦闘の成果は戦場により異なる

米軍は、欧州戦場でも太平洋戦線でも勝利した。このなかで欧州戦場では、すでに挙げたようにドイツ軍との戦績はけっして良好ではない。個別の戦闘をとるなら、ドイツ軍のほうがはるかに優れた戦果をあげた場合が多いのである。

これに対して太平洋戦線では、日本軍との戦闘で米軍は、硫黄島などの少数の例外を除くと、日本軍よりもはるかに少ない損害で戦闘に勝っている。その理由は、日本軍の側にきわめて大きい欠陥があったためである。とくに、太平洋戦線の特徴ともいうべき上陸作戦の連続で、日本軍は容易に優勢な火力を発揮する米軍と対抗できる基本戦法を開発できなかった。第一次大戦でのすさまじい弾幕射撃の経験を持たない日本陸軍は、米軍が展開する艦砲射撃、空軍による爆撃にどうやって対抗すべきかを、容易に解明できなかった。一九四二年のガダルカナル戦から一九四四年六月のサイパン戦に至るまで、日本軍は野戦築城の価値を正確に理解できず、上陸作戦戦闘綱領も二転三転して、現地部隊の防衛作戦を混乱させた。一九四四年九月のペリリュー島作戦では、初めて日本軍は徹底した築城の利用に踏み切り、上陸してきた米軍海兵師団を苦戦させた。

こうした戦法の機動的な変更とその教育に成功しなかったのは、日本陸軍の硬直化した体質と高級将校の能力が低かったためである。伝統的な白兵攻撃に過大な期待をかけていた日本陸軍の指導部は、第一次大戦の教訓をまったく学んでいなかったと非難されても、答えられまい。

米軍は、こうした旧式化した兵学思想の持ち主の日本軍とは、高い効率で戦闘できたことになるが、より近代化されたドイツ軍とはけっして優れた成果をあげられなかったのである。

空軍の格段の能力

米軍が第二次大戦で最も威力を発揮したのは、空軍の分野である。第一次大戦では、ほとんどなきに等しい効率しか示さなかった米空軍は、第二次大戦までの二〇年間に驚くべき発達を見せた民間航空業界に支えられ、さらに技術革新の中核ともいうべき航空機の高度の性能によって、米空軍は第二次大戦ですばらしい成果をあげた。開戦時に米軍は、ドイツ空軍の二〇％以下の兵力しかなかったが、大量の高性能の航空機の生産に加えて、世界最大数のパイロットを養成し、航空兵力を支援する地上勤務部隊要員をこれまた世界最大の規模で養成して、世界で唯一の戦略空軍を建設することができた。個々の航空機の性能をとっても、戦闘機ではＦ－五一は世界最高の性能を持ち、大型爆撃機では世界の水準を一段と抜く高性能を誇っていた。日本軍の航空部隊が最も苦しめられたのは、航空機の性能の差よりもレーダー、ＶＴ信管、さらに航空基地を建設整備する大型土木機械であった。

近代空軍の機能を完全に発揮するには、支援兵力の充実と高い機能が不可欠である。戦闘に出撃する航空機は、十分に整備され、その搭乗員は十分に休養し、疲労していない場合には、所定の性能どおりに航空機を操縦して戦闘できる。それには、航空基地の整備が完全で、安全な離着陸ができなければならず、帰投してからはただちに栄養の十分な食事が与えられ、安全かつ快適な宿舎で十分に睡眠がとれる状態を保障してやらなければならないが、それには航空兵力の支援を担当する地上勤務部隊が、その機能を確実に発揮できないことには、不可能というほかはない。

米空軍は、こうした総合的な能力を整備する点で、大きい努力を払ってきただけでなく、戦前からこうした総合的な戦力を整備するための教育訓練を施す学校を、設立していた。この点での先見力は、日本軍との大きい差である。

海軍の充実

戦前の米国海軍は、日本海軍との決戦を準備しており、それは日本海軍も同じであった。だが、実際の戦績は米国海軍が一段と優れていたことは紛れもない。第二次大戦の海戦を特徴づける空母による海空戦をとっても、空母を中核とする機動部隊の編成は日本海軍が先鞭《せんべん》をつけたものの、航空兵力そのものの評価とその充実に対する努力は、米国海軍が一歩先んじていた。

戦時中の海軍力を維持するには、何よりも兵力の拡充が必要だが、そのためには平時兵力に欠ける戦時兵力の基幹をどう建設するかの課題がある。そのためには、第一次大戦直後から米国海軍は予備役士官を養成する制度（ＲＯＴＣ）を設立し、大量の予備役士官を保有していた。日本海軍が予備役士官の本格的な養成に着手したのは、第二次大戦の開戦直後である。その間の差は、戦時中の熟練したパイロット不足、艦艇乗員の不足となって表面化した。

高級指揮官の養成についても、日本海軍は大きい欠陥を意識していなかった。平時の訓練でも、米国海軍は年に一二〇昼夜分燃料、一門当たり一五〇発の砲弾、一銃当たり二五〇発の弾薬を使用していたのに、日本海軍では八〇昼夜分の燃料、一門当たり二〇発の砲弾、一銃当たり二〇発の弾薬しか演習用にあてていなかった。経済力の制約を受けるために、平時の予算が不足していたという事情があるとしても、こうした不十分な演習用資材でどれほどの訓練ができたかについての評価が、日本海軍にはなかった。それだけではない。高級指揮官の養成にしても、米国海軍の場合には徹底した演習によって指揮官を評価する方式が確立していたが、日本海軍の場合には平時の勤務状態全体をより上級者が評価する方式だったから、個性の強い、しかしカンのよい士官よりも同僚との折りあいのよい、また協調性のある士官が高く評価される傾向が強かった。

高級指揮官は、正確な情勢の判断力、さらに決断力を必要とする。同僚の士官が何といおうと、自分の信ずるところを曲げない個性の強さが求められる。英国海軍では、一八世紀以来、高級指揮官の選抜にあたってはまず第一に戦闘の成果を重視し、平時にあっては演習の成果を重く評価してきた。この伝統が、英国海軍に見習ったはずの日本海軍に定着しなかったのは、不思議としかいいようがない。

海軍の戦闘では、高級指揮官の果たす役割が陸上の戦闘よりも、一段と厳しい結果につながる。日本海軍の最大の欠陥は、戦時中の戦績を基準にした人事評価ができなかったことにある。米国海軍は、事情の如何《いかん》を問わず、敗戦の責任はただちに問われ、その戦闘での最高指揮官は即座に解任されている。ハワイ海戦でのキンメル太平洋艦隊司令長官は、実際には敗北の責任がまったくないのに、かれはただちにその職を解かれている。この点、日本海軍はまことに不徹底であった。これは、高級指揮官の果たすべき役割を、正確に理解していなかったためである。

指揮官の能力は厳しく評価

米軍のなかで、海軍は明らかに、世界で最も有能な高級指揮官を養成していた。陸軍では、師団長以上の高級将校を含めて、全体に指揮官の戦術能力は高く評価できない。同じ陸軍であっても、航空部隊の指揮官は高く評価できる実績を示した。この差がどこから発生したものか、これは回答の難しい問題である。

それは、陸軍と海軍、空軍とではかなり性格が異なるためでもある。もう一つの要因としては、数の問題がある。陸軍の将校は全体で三〇万名にのぼるが、そのなかで独立して作戦の責任を負える立場にある高級指揮官の数は、師団長までを含めても一五〇名である。これに対して海軍では、同じく二〇万名の士官を保有していたが、そのうち独立して作戦の責任を負う高級指揮官はたった一〇名にも達していない。この差は大きい。それだけ海軍の場合には、より厳しい評価で高級指揮官を選抜する必要がある。この厳しい基準を米国海軍は十分に満足させたといえるだろう。

世界最強の補給力と輸送力

米国経済の持つ世界最大の生産力に支えられて、米軍は世界最大の兵器弾薬の補給を確保できた。またその輸送にあたっても、強大な工業力によって大量の新造船を完成させ、前線まで十分の軍需物資を輸送することができた。またその管理に伴う複雑な業務も、陸軍産業大学で養成された有能な補給将校の手によって、見事に処理された。その業績は世界に類のないすばらしいものだったといってよい。電算機のなかった第二次大戦中に、米軍の補給将校たちは複雑多岐にわたる膨大な軍需品を、戦線の需要に応じ、十分に供給し続けることに成功した。

もちろんその背景には、米国経済の持つすばらしい量産技術と世界最大の豊富な資源に支えられた、世界最大の軍需生産力がフルに発揮された事実がある。航空機、戦車、さらに艦艇、火砲、自動火器、その弾薬、燃料、その他あらゆる軍需品を米国は自国軍だけでなく、連合国軍全体に供給する能力があったからこそ、連合国は一時の劣勢を挽回《ばんかい》してついに戦争に勝利したのは紛れもない事実である。

また米国の持つ大量生産方式を利用して、年間一〇〇〇万総トンを越える大量の船舶を建造できたために、ドイツの潜水艦戦による損害を埋めて余りある輸送能力を整備できた。大西洋を渡る数十隻もの大護送船団によって、英国に集結した二〇〇万名の米軍は、一九四四年六月のノルマンディ上陸作戦の主力となったが、かれらを英本土に輸送し、宿営させ訓練するには、月々一九〇万トンの軍需品を輸送しなければならなかった。太平洋戦線では、欧州戦場ほどの兵力を展開する地域がなかったから、欧州戦線ほどの輸送力は必要なかったが、それでも一九四四年一〇月のレイテ島上陸作戦には攻撃用輸送船五三隻、貨物船五四隻、ＬＳＴ（戦車用上陸用舟艇）一五一隻、ＬＳＩ（歩兵用上陸用舟艇）七二隻、ロケット舟艇一六隻、その他の舟艇四〇〇隻以上を必要とした。

航空部隊の活動を支えるためにも、莫大な物資の補給と兵員の補充が必要だった。ドイツの戦略爆撃を担当した第八空軍は、一九四四年のピーク時には年間三〇〇〇機もの損害を出していた。爆弾と燃料の消費量を含めるなら、第八空軍の必要とした補給量はこの年に二五〇万トンを越えた。この大損害を補充し、さらに戦闘力を向上させるには爆撃機の補給だけでも五〇〇〇機を必要とした。

こうした莫大な兵器弾薬の補給を十分確保するとともに、戦闘による兵員の損害を即時補充するためには、軍需生産力の拡大と同時に訓練された兵員の補充源を確保しなければならないが、米軍はまさしくこの二つの点とも世界最強だったのである。

第四節　ソ連軍

革命軍から国防軍へ

一九一七年の革命によって成立したソ連は、革命に成功したその瞬間から、革命を圧殺しようとする強大な敵対勢力に包囲されていた。第一次大戦の敗北とツァー・ロシア帝国の崩壊は、ロシア陸軍を完全に解体し、革命を指導したレーニンのスローガン、「平和とパン」にひかれたロシア陸軍の兵員たちは革命後の秩序の混乱に乗じて、いっせいに軍隊から自発的に離脱して故郷へ帰ってしまった。一二〇〇万名にのぼったロシア陸軍は、「朝日にあたった初雪のように溶けてなくなってしまった」。

こうした軍隊の崩壊現象とともに発生した権力の空白こそ、少数派だったレーニンの指導するボルシェビキに、容易に権力を奪取させた条件であった。権力を奪取したボルシェビキは権力を維持するためにただちに強大な軍隊を必要とした。革命の当初存在した労働者を主体とする赤衛軍は、一九一八年初めには一五万名にすぎず、その規律はなきに等しい状態だった。その年の五月には赤衛軍は、三〇万名の志願兵からなる勢力に達したが、この程度の兵力は西部国境から進入してくるドイツ軍に対抗することも、また東部国境に進入してきた日本軍、米軍に抵抗する力もなかった。国内の反革命勢力も、革命政権の軍事力の不足に乗じて、次々に地歩を固め、その年の夏に旧ロシア帝国領の七五％は反革命軍あるいは外国軍の占領下にあった。その年の三月、軍事人民委員に就任したトロツキーは、革命軍の軍事力を再建するために全精力を注いだ。

この時点から、赤衛軍は国防軍の性格を持つことになった。一九一九年末には赤軍は三〇〇万名の兵力を持ち、歩兵六一個師団、騎兵一二師団、山岳兵一個軍団を整備した。徴兵制も復活し、一九二〇年一一月までの二年二カ月間に五〇〇万名が動員された。さらに一〇〇万名が赤衛軍に志願している。赤軍の損害は、戦死その他をふくめて二二〇万名にのぼったと推定され、第一次大戦、その後の内戦を合わせてロシアは一二〇〇万人の人命を失ったといわれている。これだけの犠牲を払って、ソ連はついに自らの革命政権を守りぬいたのである。

内戦の過程で、かつて自発的な革命精神に鼓舞された「革命軍」としての赤衛軍は、徴兵制に基盤をおく国防軍に変質してしまった。一九二四年には、五五〇万の兵力を持っていた赤衛軍は、五六万二〇〇〇名の兵力にまで復員、縮小されることになり、これとともに内戦の英雄トロツキーは、フルンゼにその地位を譲った。このときから、赤衛軍の正規軍化は一段と進行する。

近代軍への成長

一九二〇年代、ソ連はレーニンの死去のあとをうけて、党内の指導権をめぐる党内闘争が激化する。結局、レーニンの意向に反して党書記長の地位についたスターリンが、ライバルのトロツキーなどの指導者を追い落として、独裁権を確立することに成功した。一九二九年、かれは農業の集団化と同時に工業化を実現するために、第一次五カ年計画を開始させた。この五カ年計画の目的は、欧州で最も遅れていたソ連を、一挙に先進技術で武装した工業国家に発展させ、経済的な大国にすると同時に、欧州最強の軍事力を整備し、戦争になった場合にも十分の補給力を持つ軍需工業を建設することにあった。第二次大戦が始まるまでに三次の五カ年計画が実施され、同時に進められた農業の集団化とによって、ソ連はたちまち欧州最強の工業国に転身する。この工業化の過程は、同時にソ連軍が「近代化」される時期でもある。一九二〇年代のソ連軍は財政難もあって、正規軍の兵力を抑制し、その代わりに民兵部隊を大量に整備する方針をとった。一九三三年のソ連軍の兵力は、それでも八八万五〇〇〇名にすぎず、主要兵器の生産量も航空機が年間八六〇機、火砲一九〇〇門、小銃一七万四〇〇〇挺と低水準だった。第一次五カ年計画が完成した一九三七年には航空機生産は三五八〇機と四・一倍、火砲は五〇二〇門と二倍半、小銃は三九万七〇〇〇挺と二・二倍に増えた。

この軍需生産の増加とともに、ソ連軍の装備は驚くほどのテンポで近代化され、世界の軍事界に強い印象をあたえた。当時、ソ連の軍事界を指導していたトハチェフスキー元帥をはじめ、近代的な軍事理論を発展させる面で数多くの業績をあげた有名な将軍が、世界の注目を浴びた。かれらは、戦車を大量に使用して、機械化部隊による全縦深一挙突破という新しい技術を開発した。また世界で初めて、落下傘部隊を編成した。火砲も全面的に近代化され、射程の長い重砲を利用して、敵の戦線を二〇キロにわたって全面的に制圧し、その火力によって敵の戦線を一挙に突破するという構想も、ソ連軍の指導着たちが最初に開発した軍事理論の産物である。

第二次大戦の準備

だが、こうした大きい功績のあるソ連軍の指導者たちは、一九三〇年代半ばに本格化した党内闘争、スターリンによる粛清によって全員一掃されてしまった。かれらが「外国のスパイ」として処刑されたのは、すべて誤りであると一九五六年にフルシチョフが認めるまで、かれらの功績はいっさい否定されてきた。

五カ年計画の成功によって、とにかく工業化したソ連は、軍需生産能力の充実とともに軍備の強化を進めた。一九三八年には一五一万三四〇〇名の兵力が整備され、さらに欧州での緊張の激化、とくにナチ・ドイツの再軍備が進行するにつれて、ソ連軍の強化は一段と進んだ。一九三九年九月、第二次大戦が始まると同時に、ソ連軍は部分的に動員されて一九四一年一月には四二〇万七〇〇〇名に達した。ドイツとの間に一九三九年八月不可侵条約を締結して、ドイツとの間でポーランドを分割し、バルト三国を併合、ルーマニアからベッサラビアを、フィンランドからレニングラードに近い地域を割譲させ、ソ連の膨張政策が推進された。これはすべて、第二次大戦への準備と理解してよい。万全の準備を整えたはずのソ連は、意外にも一九四一年六月二二日ドイツ軍の奇襲攻撃を受けて、緒戦で大打撃を受けることになる。

スターリンの失敗と誤り

ソ連の指導権を握っていたスターリンが、永久にドイツとの平和的共存が可能であると信じていたとは考えられない。ヒトラーの性格、またドイツの対外政策の動きから見て、いずれはソ連も戦争に巻き込まれると覚悟していたのは間違いない。スターリンが最も恐れていた事態は、西からドイツが、同時に東から日本の攻撃が発生することだった。ソ連のように広大な国土を持ち、しかも国土の東西を連絡する交通手段が不十分な国では、東西からの二正面戦争が同時に発生する事態は、何としても回避しなければならない。

一九三九年ドイツとの間に不可侵条約を締結したとき、ソ連軍はジューコフ指揮の下でノモンハンで日本軍と激戦を展開していた。ドイツとの不可侵条約の締結交渉の進展で、西側での安全を確保した八月二〇日、ソ連軍はかねての計画に従ってノモンハン戦場で大攻撃を開始し、日本軍第二三師団に壊滅的な打撃を与えたが、ソ連軍は壊滅状態に陥った日本軍を徹底的に追撃することなく、自らの主張する国境線までの追撃で満足した。またドイツ軍が、九月一日の作戦開始以来、劇的な作戦の展開を見せているのに、ノモンハン戦場での停戦協定が成立した九月一五日から一日おいた一七日まで西部国境での作戦を抑制した。これもスターリンが注意深く二正面作戦を避けようとした姿勢の表われと理解すべきである。

こうした注意深い態度を取り続けたスターリンは、その一方でソ連軍の軍備が完成し、新型戦車のT-三四、新鋭戦闘機のヤク九型などの新式兵器で、すでに旧式化した装備を更新し、兵員の訓練が完了する一九四三年ごろまで、欧州最強のドイツ軍との対決を避けようと考えていた。スターリンの希望的観測にかかわらず、ヒトラーは一九四〇年秋には対ソ戦争の準備を本格的に開始し、その情報は、多くのチャンネルを通じてスターリンの耳に達していたが、かれはついにソ連軍に徹底した戦闘準備を命ずることをせず、ドイツ軍の奇襲攻撃を受けてしまった。

これはきわめて大きい犠牲を伴う失敗である。十分な情報を持ちながら、その示すところを受け入れようとしなかった責任は、あげてスターリンが負うべきである。情勢の誤判断に批判的な意見を持つ指導者が、ソ連にはいなかった。それは徹底した粛清のもたらした結果である。スターリンの判断は、絶対的なものであり、その正しさに疑いを示す指導者はたちまち銃殺されるか、あるいはシベリアの強制収容所に送られたからである。

共産党の指導力と組織力

開戦とともにドイツ軍は、奇襲の利点に加えて、すでに三年間の戦闘経験を持ち、十分な訓練を受けた将兵の戦闘力を発揮して、一時は首都のモスクワから二〇キロの地点まで迫った。この危機に対して、ソ連共産党は驚くべき指導力と組織力を発揮した。ドイツ軍の猛進撃によって、国境近くに展開していたソ連軍は、たちまち包囲され殲滅《せんめつ》され、次から次へと工業地帯がドイツの手に落ちた。

世界中は、この目覚ましいドイツの成功を見て、ソ連もドイツの電撃作戦に屈するのは時間の問題と考えた。その敗北にもかかわらず、ソ連国民の士気を鼓舞し、あらゆる障害を排して、ついにドイツに勝利した原動力はソ連共産党の組織力と指導力である。とくに、ドイツ軍の猛進撃に直面しているウクライナの工業地帯から、軍需工場の大量の機械設備をシベリアに疎開し、電力、ガス、水道はもちろん住宅も何もない原野に新工場を建設し、三カ月間という信じられない短期間に、再び戦車の生産を開始したハリコフの戦車工場の経験は、人間やる気になりさえすれば、どんなことでもできる実例というほかはない。この偉大な業績も、戦車工場を管理した共産党組織の厳しい督励、さらに受け入れる側の地区党組織の協力に加えて、共産党の指導に忠実に従った労働者の努力があって初めて、結実したのである。

前線でも、共産党員は部隊の士気を維持する中核となった。レニングラードの党組織はドイツ軍の強襲に動揺している戦線を立て直すために、革命当時と同じように、労働者大隊を編成し、自らその指揮官となって、火炎瓶でドイツ軍戦車を攻撃した。共産主義青年同盟員（コムソモール）は、党員の指導の下に、防衛戦闘の中核としてドイツ軍戦車に肉弾攻撃をかけた。かれらの奮戦も、戦闘力に大差のある状況の下では、必ずしも効果があったわけではない。むしろ大量の戦死者を出すだけの、いわば「若者の屠殺《とさつ》」に等しい惨憺《さんたん》たる状況となったが、それでもいくらかはドイツ軍に損害を与え、その進撃の速度を鈍らせることに成功した。この時間的な余裕を稼ぐその間に、ソ連軍大本営は後方で大量の新兵力を編成し、訓練して本格的な反撃を準備できた。

こうした犠牲を考慮しない、目的のためには手段を選ばない戦争指導方式は、共産党に特有のものだが、すでに述べたように、革命戦争だけでも一二〇〇万人の生命を犠牲にした経験からも、ソ連軍の指導部はドイツとの戦争においても同じ発想で、ソ連国民を指導したのである。その前提は、最高指導者の、スターリンの指示には無条件に服従するという考え方、上級の指令は、どんな困難があろうと、完全に遂行しなければならないという「鉄の規律」が党内に確立していたことである。ソ連共産党は、単なる政党ではない。それは革命だけでなく戦争の遂行を自ら担当する「軍隊」そのものであった。

さらに、この規律をイデオロギーによって裏づけていたところが、ソ連共産党の指導力にいっそうの権威をもたらし、かれらの影響力を支える柱となった。もともと戦争は残酷なものである。それを遂行するには、指導者に断固たる決意がなければならず、自ら責任を負うことにためらわない強さが求められる。ソ連共産党は、この決意を身につけた一二〇〇万人の党員をその陣列に持ち、かれらは軍隊の、また国民の中核としての意識を持つだけでなく、党の指令を自らを犠牲にしてでも遂行しようという強い決意を、イデオロギー教育によって固めていた。

第二次大戦に参加した大国のなかで、ソ連以外にこうした強力な指導体制を持っていた国はほかにない。唯一の例外は中国共産党だが、それ以外の参戦国ではスターリン指導下のソ連ほど、国の持つあらゆる資源を戦争目的に集中した国はない。ソ連は、理論どおりの「国家総力戦」を遂行した唯一の参戦国であり、その強権体制を保障したのがソ連共産党なのである。この意味では、ソ連の戦勝は共産党のおかげといってよい。

将校の養成とその成功

といって、スターリンとかれの指導するソ連共産党は、現実の力のバランスを無視した戦争指導を強行したわけではない。戦争を遂行する第一の力は、優秀な指揮能力を持つ将校にあることを、参戦国のなかでは最も明確に認識していたソ連は、開戦前から将校の大量養成に着手していた。一九三九年に第二次大戦が始まると、ソ連軍は将校の養成機関を大々的に拡張し、一九四一年には二〇三校の士官学校を設立して二三万八〇〇〇名の士官候補生を教育中だった。同じ年に日本陸軍の士官学校では、わずか三〇〇〇名の候補生しか在学していなかったし、予備役将校となるべき甲種幹部候補生の採用数でさえ二万名に達していなかった。将校の急速大量養成に全力をあげて努力していた米国陸軍でも、五万名の候補生を教育中だった。相手国のドイツ陸軍では、現役、予備役を合わせても将校の養成数は一万名にすぎず、ソ連軍の将校養成への努力の大きさが目立っている。

開戦後、一九四一年末までに士官候補生の採用数は五三万四〇〇〇名に達し、翌年には五〇万四〇〇〇名にのぼった。一九四三年の将校任官者は一六万一〇〇〇名、空軍のパイロット養成数は一万六〇〇〇名になった。戦争中に養成された将校の数は二〇〇万人にのぼっている。こうした大量養成の将校が、全員高い質を持っていたわけではない。短期間の急速養成だから、その指揮能力はけっして高いものではなかった。それでも、ドイツ軍将校がたえず定員を大きく割りこみ、欠員を教育の不十分な下士官あるいは予備役将校によって埋めなければならなかったのに比べると、戦闘経験を重ねたソ連軍将校は、しだいに質を向上させたから、相対的にソ連軍は優位をとりうる状態になってきた。

何より豊富な将校の補充源を確保しているソ連軍は、戦闘にあたって損害を恐れることなく、大胆な作戦を計画することができた。損害の補充ができなくなると指揮官が考えるときには、よほど大胆な人であっても戦闘指導が慎重になるのは避けられない。ソ連軍の指揮官は、こうした配慮を必要とせず、徹底して戦果をあげることだけを優先して作戦を計画できた。それは敵の最も堅固な陣地に、大きい犠牲を考慮せずに戦力を集中して、徹底した突破作戦を計画することであり、同時に多正面での攻撃を展開して敵の予備軍を分散させ、機動力の大きい機甲部隊を投入して、一挙に全縦深を突破、後方深く突進して敵の主力を包囲する大胆な作戦を強行できた。

犠牲があっても、損害が敵よりもはるかに大きくても、戦闘に勝ちさえすれば、あとの補充は大本営が責任を持つ。ソ連軍の高級指揮官は、損害を顧慮せずに安心して敵軍の撃破を目的に、大胆な作戦を遂行できたから、それだけ戦争の後半期には戦闘の指揮能力を向上できることになった。

徹底した実績主義をとったソ連軍では、戦前に教育した中級指揮官のなかから、戦績によって思い切った抜擢《ばってき》人事を行った。四〇歳台の将官が次々に生まれただけでなく、かれらのなかから元帥に昇進した若い将官が続出した。その一方、戦闘の指揮に失敗した指揮官は遠慮なく銃殺され、ソ連軍の規律を一段と厳しくする効果を発揮した。これも、ソ連軍の勝利に貢献した大きい要素である。

戦闘効率を無視して戦う

ソ連は、損害を考慮せずに戦闘する習性がある。第二次大戦でもドイツ軍の兵力に対して三倍以上の優勢を確保して初めて、攻撃を開始した。攻撃にあたっても、大量の火砲を集中し圧倒的な破壊力を発揮してから歩兵が攻撃するが、ドイツ軍の堅固な陣地を徹底して破壊することは容易でない。機動防御方式をとるドイツ軍は、ただちに攻撃地点に予備隊を移動させ、陣地にある守備隊と協力してソ連軍の突撃隊を組織的な火網で包む。そこで発生する損害は甚大だが、ソ連軍はその損害に屈することなく攻撃を繰り返す。この攻撃地点にドイツ軍の予備隊がひきつけられている間に、ソ連軍は優勢な兵力を別の地点に集結して、そこから激しい攻撃を開始する。予備隊を新しい攻撃地点に移動させたくても、戦線から引き抜くことができないために、ドイツ軍は止むなく退却せざるをえない。

いわゆる兵力の差が、戦闘を決定するという状況が繰り返され、ついにドイツ軍は圧倒されてしまった。こうした戦闘方式の繰り返しはソ連軍の損害を驚くべき数にした。戦争による死者は、軍人だけで一二〇〇万人といわれるが、これはドイツ軍の全戦死者の三倍である。一九四四年の戦闘成果を分析したデュピュイは、ドイツ軍は総兵力二五〇万から三五〇万でソ連軍の総兵力六一〇万と対抗し、一一〇万の戦闘損害（戦死、負傷、行方不明者、捕虜）でソ連軍に五〇〇万の損害を与えた、という。個々の戦闘の損害は、ソ連軍が圧倒的に大きい。かれの計算によれば、ドイツ軍は一名の損害でソ連軍に七・七八名の損害を与えている。防御戦での効果比率を一・三として、戦闘効率はソ連の一に対しドイツは五・九八と大きい開きを示している。

勝利の原因

一九四四年のソ連軍は、戦闘による損害以外に病気その他の非戦闘要因によって二〇〇万の損害を出しているから、この年だけで七〇〇万と現有兵力を一年間で完全に消耗することになった。その損害を埋めてあまりある兵力を動員できたソ連軍は、さきに挙げた大量養成した将校によって、またシベリアに移転した軍需工場がフル生産した兵器の補給を受けて、戦闘力を低下させることなくベルリンを占領するに足る兵力を、戦線に送れた。

これだけの巨大な補充力、補給力を発揮するためには、ソ連国民はきわめて大きい犠牲を払ったが、その犠牲に耐えたのもソ連共産党による強力な指導と組織力があってのことである。後方にあったソ連国民は、食糧も衣料もいっさいの消費物資を軍需にとられ、レニングラードでは一〇〇万に及ぶ市民が文字どおり餓死する状態に置かれながらも、共産党の指導に服して、戦争に協力した。文字どおりの「国家総力戦」を組織することができたからこそ、ソ連は勝ったのである。共産党が支配していなかったとすれば、ソ連はドイツに敗れたに違いない。この実績が、戦後になってのソ連の威信をもたらす決定的な要素となったのは、否定できない事実である。

軍事的には、ソ連共産党の先見力を高く評価しなければならない。将校の大量養成にしても、参戦各国のなかでも最も規模の大きい養成計画に着手し、指揮官の人事にしても徹底した実績主義を導入した点、さらに国民生活の困難さをまったく考慮せずに、軍隊を徹底して優先する物資配給方式（たとえば一〇〇万の市民が餓死したレニングラードでさえ、軍人の食糧配給量は最後まで戦前の水準を維持した）、民需品の生産を完全に放棄して全工業力を軍需品、兵器の生産に集中し、あらゆる資源すべてを戦争目的に結集するやり方が、共産党の指導下に強行されて、初めてドイツを圧倒することが可能になったのである。

ソ連軍の欠陥

戦争には勝ったが、同時にソ連軍は大きい欠陥を持つことも、世界に明らかになった。戦闘にあたっても、下級指揮官は高級指揮官の命ずるまま、いかに損害がでようと命令どおりの動作しかとろうとしない。敵情を正確に偵察して、いかに損害を少なくしながら、最大の成果をあげるかに創意工夫をこらす努力はしない。兵員は、命令どおりの動作を忠実に繰り返すだけで、これまた戦法に創意を発揮しようとしない。高級指揮官は部下の人命にはまったく考慮を払わず、損害を顧みずに攻撃を続行させ、戦力を失った部隊を、一兵残らず消耗するまで戦闘にかり立て、あらゆる力を集中して戦闘で敵を圧倒することしか考えようとしない。

軍事的にいかに不合理な作戦であっても、いったん命令されたなら、最後まで命令どおりに行動しようとするから、戦闘効率など誰も考えようとしない。こうした指揮官の不合理な発想は、同時に無責任さにつながる。戦争遂行の全責任を負うのはスターリンであり、自らにはその責任がない。というよりもかれの命令どおりに行動する以外に、自らの生命の安全を確保する道は残されていない。これは、部下の人命を尊重する考えの否定である。

こうした行動に慣らされた軍隊が、不要な人命の損失を避けようとする発想から生まれた「戦争法規」など、まったく無縁のものと考えるのは自然である。その結果、ソ連軍は占領地において、無抵抗、非武装の民間人に対して、すさまじい掠奪、暴行を行った。ソ連軍は、けっして軍規のない軍隊ではない。中隊単位にまで共産党を代表する政治将校が配置され、兵員に対して徹底した政治教育を行うなど、軍規の維持には大きい努力を払っている。だが、ソ連軍、いやソ連共産党のいう規律とは、上級からの指令は死を賭して遂行することであり、敵を含めて人命を尊重する人間らしさを強調するものではない。だから、ソ連軍の兵士はいわば「自動小銃を持った獣」と変わることはない。獣との唯一の違いは、上級者の命令には自らの命を賭けても服従するということだけである。

こうした性格を持つソ連軍が、戦争の中期以降、ドイツ軍を撃退するにつれ西に拡がっていく占領地で、徹底した掠奪暴行を繰り返したのは、不思議でも何でもない。それが、いかに大きい政治的な負債となって今日まで残っているのかは、のちの東欧に対するソ連の統制を維持するには軍事力に依存する以外に道がないことに、端的に示されている。

それだけではない。ソ連軍の持つ基本的な性格、つまり徹底した「上意下達」という考え方は、兵員の自発性、自主的な判断能力を奪ってしまい、かれらはあらゆる事態をすべて上級からの指令によってのみ解決しようとする。いかに必要であっても、下手すれば自らの生命が失われることがあっても、ソ連軍の兵員は上級者からの指令が出るまでは、自らの責任で行動してはならないと教育されている。

将校の教育でも同じである。一〇年制学校を卒業し、士官学校に入学しようとする候補生は一〇年制学校でオール五の成績をとって金メダルを授与された優等生なら、筆答の一次試験を免除される。士官学校でも同じようにオール五の成績をあげ、金メダルをとった将校は、次の高級教育課程である下級陸軍大学への選抜試験でも、一次試験を免除され、優先的に入学できる。ここでも金メダルを与えられた優秀な将校は、次の段階である上級陸軍大学でも、一次試験を受けずに入学でき、上級陸軍大学でさらに金メダルを与えられた将校は、いよいよ本格的な上層階級（ノーメンクラツーラ）への仲間入りを認められ、今度は抜擢の道を歩み始めることができ、五〇歳になるかならないかの若さで上級大将に昇進できる。

こうした何段階にもわたる将校教育の大部分は、もっぱら教官の読みあげる講義を筆記することであり、試験はこの講義の内容をどこまで理解し、記憶しているかに重点が置かれたものであり、要するに記憶力の大きい将校、教官の唱える学説を忠実に踏襲する将校が高く評価され、よい成績をとれる仕組みになっている。その学説とは、共産党中央委員会の採択した公式のイデオロギーに基づいて組み立てられたものである。それが軍事技術の進歩と国際情勢の変化によって、現実と適合しなくなったとしても、それに批判を加えることは将校に許されていない。一九八三年の大韓航空機撃墜事件は、そういうソ連軍の体質を露骨に示した実例である。

ソ連は、国防はあらゆる問題に優先するとの発想を堅持している。技術革新にしても、民需を犠牲にしても軍事技術の進歩には国の総力を傾注している。しかし、ここでもソ連共産党中央委員会がすべての決定権を握っており、中央委員会が決定した方針から逸脱することは絶対に認められない。たとえば、一九三〇年代に中央委員会は戦車の設計方針として、車高をできるだけ低くすると決定した。これは、火力、装甲、速力という三つの互いに矛盾する要素を調和させるには、これしかないとする判断からである。たしかに、この設計方針は一定の成果を収め、ソ連の戦車は第二次大戦中の傑作とされるT-三四以来、世界最強の火力、最高の速力、最も厚い装甲を誇ってきた。

だが、この方針をあまりに忠実に執行した結果として、ソ連製戦車の車体の高さはついに一メートルを下回り、戦車の操縦員の身長を一メートル六〇以下に制限しなければならなくなった。これはロシア人は、戦車の操縦員になれないことを意味する。T-七二には三名しか乗員はいないが、そのうちの一名をロシア人以外のアジア系民族出身者で補充しなければならない。異民族の出身者を混じえて、戦車のような高度技術の塊ともいうべき兵器を円滑に操作することは、きわめて困難である。ソ連製戦車の可動率が三〇%といわれる状態が生まれたのは、当然といわなければならない。

にもかかわらず、ソ連は相変わらず車高の低い戦車しか設計しようとしない。中央委員会の決定した方針を修正させたくても、その権限は軍人にないからである。

同じことが自動小銃にもいえる。AK-四七と呼ばれるソ連製の自動小銃は、軽量、操作の容易さなどの点で高く評価されている傑作だが、あまりに軽量さを狙うあまり、反動が強い銃でもある。ロシア人のように体格が大きく、したがって腕力のある兵員なら、なんとか使えるが、それほど腕力のない民族にとっては、下手な射ち方をすれば、腕を折ったり、あるいは肩をくじいたりする事故が多発する。中近東の紛争の主役となったPLOにソ連が武器を供与したときにも、この自動小銃を大量に供与されたが、かれらにはソ連製自動小銃が扱いにくく、たいへんに不評だった。

こうした硬直した路線を、一向に修正できないのは軍隊に限らない。ソ連の全体にあてはまる話だが、それにしても軍隊の場合には、それが極端に表面化する恐れがあるだけにソ連の実力を判断するときには、軽視してはならない側面といわざるをえない。

第五節　中国人民解放軍

第二次大戦で闘った軍隊のなかで、最も特異な性格を持った軍隊は、中国人民解放軍である。一九三〇年代に中国共産党軍「紅軍」として発足したこの軍隊は、日本軍との戦争を通じて大きく発展した。毛沢東の指導下に、紅軍は蔣介石の率いる国民党軍との戦闘によって、一時期大敗北を経験し、いわゆる「長征」でそれまで根拠地としていた湖南省から中国西北部の陝西省の延安に撤退を余儀なくされた。この撤退によって、兵力の大部分を失った紅軍は、その過程で中国に対する日本の侵略が本格化し、それに対する中国側の反発が強まった情勢を徹底して利用しようとする戦略を立てた。一九三五年の西安事件は、その当時紅軍への攻撃の第一線に駆り立てられていた張学良の率いる旧東北軍が「国共内戦」よりも「国共合作による抗日戦争が重要」とする中共の工作によって、中堅将校が動かされたことから発生した蔣介石に対する一種のクーデタといってよい。しかしながら、その前年英国の支援によって実現した「幣制改革」に日本が強く反対し、蔣介石は日本が徹底して中国の民族主義を否定する路線を推進しようとするに違いないと確信した事情もあり、中国共産党の主張する「国共合作」路線にしだいに傾斜する動きにあったことも、西安事件を通じての東北軍将校の「兵諫《へいかん》」を受け入れる背景となった。

徹底した「党軍」の性格

一九三〇年代初頭、中国共産党は「国共合作」の崩壊に伴って、独自の革命路線を追求しようとする。それまで、中国共産党は国民党による中国革命に協力し、国民党を主体とする統一国家樹立、近代化路線を推進するなかで、中国にブルジョア革命による近代国家を生みだし、次の段階でそのブルジョア国家を崩壊させ、プロレタリア独裁革命を実現しようとする革命戦略をとっていた。だが、この路線は多くの理由によるが、完全に崩壊してしまい、国民党政権が急速に右傾化するなかで、国共合作は消滅し、中国共産党は国民党軍との内戦を開始する。

一九三二年の南昌暴動に端を発した国共内戦で、中国共産党は都市のプロレタリアに依存する武装蜂起《ほうき》路線に失敗し、毛沢東の指導権が確立するのと平行して、農村に革命の拠点を移す路線を定着させる。当時の中国農村では、政治的、経済的な支配権を握っている地主は、高い現物小作料をとって貧農を搾取する一方、その支配を維持するために、銃を持った武装組織を保有し、その武力によって農村を支配していた。その農村に支持基盤を確立しようとすれば、当然のことながら、地主かそれとも農民か、そのいずれかを支持勢力に選択しなければならない。中国共産党は農民を支持基盤に選択し、そのために徹底した農地改革政策をとった。

農地改革は、結局のところ地主から農地を奪い、その農地を現実に耕作している農民に与えることである。第二次大戦後の日本で実施された農地改革を見ても、地主の抵抗は厳しかった。それは当然である。長年にわたって自分の財産だった農地が、たとえ有償にしても強制的に買いあげられる政策に、地主が自主的に賛成するはずはない。日本の場合、絶対権力を握っていた米国占領軍があらゆる抵抗を抑え込む態勢にあり、日本政府はその圧力に何らの反抗もできない情況だったからこそ、農地改革はとにかく成功した。

中国の場合には、農地改革そのものを推進しようとすれば、たちまち地主の勢力、それも武装した勢力を圧倒しなければならない。農地改革を基本政策として実行するには、中国共産党はいやでも自らを武装し、その武力によって地主を抑圧する以外に選択の余地はなかった。と同時に、地主勢力を支持する国民党軍との武力抗争は、中国共産党が生存するためには不可避であった。

この武力抗争の手段として、中国共産党は自らを武装し、そのために紅軍を持とうとした。

この発生のいきさつからいっても、中国人民解放軍はまず中国共産党の軍隊、すなわち「党軍」の性格を強く持つことになった。ソ連の場合、大都市での武装蜂起によって権力を一挙に奪取し、革命成立後の武装兵力は工場労働者を主体とする赤衛軍だった。国内の反革命勢力、さらに西側諸国の武力干渉に対抗するため、すぐさま近代的な「国防軍」を建設しなければならなかったが、中国の場合は革命運動そのものが武装闘争の連続だったところに大きい違いがある。

こうした革命運動そのものの性格の差は、そのまま中国人民解放軍を徹底した「党軍」として規定する要因である。「党軍」というのは、共産党が軍の運営方針を決めるだけではない。共産党内の党内闘争それ自体も、軍を必然的に巻き込む。つまり、党と解放軍とは一心同体の関係にある。

日本軍との戦闘

一九三七年七月、日本軍と中国軍との戦争が始まった時点で、紅軍は「国共合作」の成立によって、華北では「八路軍」、華中では「新四軍」の名称が与えられ、日本軍との戦争に参加することになった。だが、日中戦争の初期、中国側の抗戦力の主力は国民党軍であり、八路軍、新四軍が日本軍との戦闘で大きい役割を演じたわけではない。日本軍も八路軍が戦闘の主力になるとは認識していなかった。これは、中国内部の情勢について正確な情報を持っていなかったためだが、その日本に強い衝撃を与えたのが一九四〇年八月の「百団大戦」である。

山西省から河北省の省境を中心に、八路軍の大部隊が太原と石家荘を結ぶ石太《せきたい》線沿線、北京と漢口を結ぶ平漢線沿線、山西省の大同と太原との間の同蒲線沿線、日本の鉄鋼生産に不可欠の強粘結炭を供給する井径炭鉱をいっせいに奇襲攻撃した。この攻撃は、日本軍にとってはまったくの奇襲であり、ほとんど全域にわたって、少数兵力で守備していた陣地が包囲され、一時は大きい混乱となった。結果としては、八路軍は死傷二万二〇〇〇に達し、日本軍の損害は詳細不明だが、昭和一五年七月から九月にかけての戦死者一六三七名、戦病死者五四二名、負傷者二六七六名から推定すれば、それほどの大損害が発生したとは思えない。

だが、この奇襲攻撃による心理的な衝撃はきわめて大きく、この時点から現地の北支那方面軍は、「当面スル最大ノ敵ハ八路軍」との認識を強め、本格的に中国共産党の情報収集分析に着手する。暗号の解読が国民党軍との戦闘で大きい役割を果たしたことから、中共暗号の解読にも大きい努力が払われ、翌年にはその一部の解読に成功し、それまで空振りが多く効果があがらなかった八路軍部隊との戦闘にも役立つようになった。これにより中国共産党は日本軍との戦闘で大きい打撃を受けることになった。

国民党軍との対比

それにもかかわらず、中国戦場での主役は相変わらず国民党軍であった。華北でこそ八路軍が正規軍との戦闘、とくにゲリラ戦、後方大都市でのテロ活動などで戦闘の主役となっていたが、華中、華南での戦闘は主として国民党軍との間で戦われたのは紛れもない。日本軍兵力の配置をとっても、昭和一五年末現在、華北に約二五万、華中で約三〇万、華南に約一五万となっている。

国民党軍は一九三〇年代初め、蔣介石の指導下にいわゆる「国民革命」が成立し、それまでの各地に軍閥が保有するそれぞれ半ば独立した軍隊を、蔣介石の指導する中央政府の権力の下に、統一的な近代装備を持つ中央軍に改編する努力が始まった。蔣介石の強味は、こうした軍閥割拠の分裂した政治権力を、統一した中央集権国家に集約しようとする政策を大胆に推進したと同時に、その権力をささえる柱として、国軍の幹部となる青年に近代的な軍事教育を施すために設立した「軍官学校」を握っていた点である。

一九二〇年代に広東に設立した黄浦軍官学校、さらに南京に移った軍官学校は、大量の将校を養成し、かれらが国民党軍の中核として抗日戦争の主役となった。それまでの中国軍は軍閥の中心人物が自分の弟子あるいは縁類の人物を、軍事知識の有無に関係なく、適当に将校に任命するやり方だったから、ごく少数の海外留学生出身者を除けば、軍事的な指揮能力に欠けていた。国内での軍閥同士の戦争なら、かれらもそれなりの役割を演じたが、日本軍のような曲がりなりにも近代的な軍隊を相手にした戦争には、まったく何の役にもたたないのは明らかで、蔣介石が高まる民族意識に燃える青年たちに、近代的な軍事教育を与えて、中国国民党軍の支柱としようとした選択は、きわめて正しかったといえる。

日本軍も、かれら中国の青年将校たちの軍事能力を重視し、かれらの存在そのものが中国軍の抗戦能力を支える基盤として高く評価していた。中国共産党も軍事教育を重視し、延安には抗日軍政大学を設立、多数の幹部を養成した。だが、もともとゲリラ戦に重点を置く戦略をとっていたから、砲兵を中核とする近代的な戦闘を指揮する能力を持たない。むしろ政治的な工作、組織能力に優れた幹部の養成が重視され、国民党軍将校よりも軍事能力では劣っていた。

高まる戦闘能力

日本軍は、昭和一九年になって米国からの近代兵器が大量に輸入され、その使用に熟練した中国軍が出現するまでは、「日本軍一個大隊で中国軍一個師団」という判断を持っていた。制空権を持たない、砲兵その他の火力装備において格段に劣る中国軍は、訓練においても装備においても、ほぼ一対一〇の比率で対抗できる戦力しかないと考えていた。現実に、どの戦闘においても中国軍は正面から衝突すれば日本軍に対抗できなかった。戦闘による損害比率は、日本軍、中国軍とも正確な資料を発表していないため、算定できないが、比較的正確な統計がまとまっている昭和一五年ごろまでの数字では、さきに挙げた一対一〇の兵力比でも日本軍は立派に戦闘そのものには勝利していると考えてよいだろう。

戦争の末期になって、米国から供与された近代兵器を装備し、その使用に習熟した中国軍が前線に出動してくるのに、日本軍は相変わらず旧式の装備のままであり、かつ制空権が在支米空軍に奪われたため、著しく不利な情況に入る。昭和二〇年の宝慶作戦、柳桂作戦など正面から中国軍と衝突して、日本軍が勝利することが少なくなり、その前年も米式装備中国軍がビルマ戦線で日本軍を撃破するなど、しだいに日本軍の不利な態勢が出現するが、それまでは日本軍の戦闘能力は中国軍を上回っていたのは、紛れもない。

広大な国土、しかも交通通信網が整備されていない中国の戦場では、戦場の地理地形を熟知し、かつ同民族の支持を得ている中国軍が、情報の収集、部隊の行動において、日本軍よりも有利である。日本軍は、こうした政治的に不利な情況にあって、もっぱら戦闘訓練の優位と指揮能力の優秀さを発揮する以外に、戦闘に勝つ手段はなかった。事実、昭和一五年の「百団大戦」において、日本軍の小部隊を圧倒、全滅させた八路軍も、日本軍将兵の戦闘意欲と戦闘能力の高さを評価している。

だが、この戦意と戦闘能力も兵員の不足で、補充要員の素質が低下し、若い現役兵ではなく体力に劣る高年次の老兵が増え、指揮官も教育の足りない予備役将校に占められるようになるにつれ、急速に低下してしまう。華北戦場をとっても、対八路軍の戦闘に熟練した師団が次々に抽出されて、南方戦場、ニューギニアに派遣され、その穴を埋めるべき部隊の素質が低下し、兵力そのものも不足したため、昭和一九年後半には軍事情勢に逆転現象が発生する。この意味では、日本は中国そのものに敗北したというよりも、米国を含む連合国全体の戦力に対抗するだけの戦力をついに持てなかったところに、第二次大戦での敗北となった原因がある。

第六節　日本軍

老朽化した制度

日本が近代国家に脱皮しようと努力を始めたのは、一八六七年の明治維新からである。徳川時代初頭、日本は当時の世界では最大の軍事力を保有していたといってよい。豊臣秀吉が行った朝鮮征伐に動員された兵力は、第一次では三〇万に達した。当時、欧州での戦争ではせいぜい五万の軍隊を動員するのが限度だったことを考えるなら、当時の日本が持っていた軍事力の大きさが理解できるだろう。徳川幕府が行った「鎖国」を二〇〇年も続けられたのは、「鎖国」を打破するだけの軍事力を欧州諸国が日本に派遣できなかったからである。

だが、二〇〇年にわたる「鎖国」の間に、欧州では軍事技術が急速に進歩しただけでなく産業革命によって、強力な兵器の大量生産体制ができあがった。幕末、日本の軍事力は完全に崩壊状態にあり、欧州諸国の近代軍隊に対抗できる状態になかった。

経済的にも産業革命によって、著しく近代化された欧州諸国、米国に比較して日本は明らかに大きく立ち遅れてしまった。日本には近代的な製鉄所はまったくなく、幕末には近代的な小銃すら日本では国産化できなかった。明治維新で封建制度を廃止し、近代的な中央集権国家に脱皮しようとした日本は、必死になって欧州、米国からの技術、制度の導入に努力した。その結果、日本が急速に近代化し、軍事力の建設に成功した事実は、世界の大国とされたロシア帝国を破った（日露戦争）ことで、世界に示すことができた。

日露戦争の勝利で、日本はそれまでの「島国」からアジア大陸の「強国」としての地位を確保した。と同時に、この勝利によって日本の軍部指導者は、世界最強の軍隊を建設しえた証拠として、その後の世界の軍事技術、あるいは戦争の経験に学ぶことを拒否した。日露戦争から一〇年後、第一次大戦が発生し、四年余にわたる大戦争が続いて、その間に驚くべき軍事技術の進歩が実現し、さらに戦争そのものの性格にもまさしく革命的な変化が生じたが、ついに日本はその教訓を学ぶことに失敗した。

日露戦争から第二次大戦までの四〇年間、日本軍部の指導者たちは世界の大勢に無知であるだけでなく、限られた面を除くなら技術面でも世界の進歩を無視する態度を変えようとしなかった。いわば日本の軍隊はこの四〇年間発展を止めたまま、第二次大戦に突入したといえるだろう。この四〇年間の停滞は、日本軍を徹底して老朽化させてしまったというべきである。

制度面でも、しだいに経済あるいは政治情勢の実態にそぐわないものになってきた明治憲法を改正しようという主張は、どこからも生まれてこなかった。まして、軍部の制度を改正しようとする発想は、まったく生まれず、それどころか火力の強化が軍事技術の重点になっている世界の大勢に逆らって、日露戦争以前の白兵主義を強調する陸軍首脳部の硬直ぶりなど、日本軍の老朽化を裏づける証拠は数限りない。

無理な体制づくり

もともと日本は、四囲を海に囲まれた「島国」である。その防衛の基本は、周辺の海域に対する制海権を確保しさえすればよく、さらに重要地点に強力な海岸要塞《ようさい》を構築しておくなら、海外からの侵入を恐れる必要はまったくない。日露戦争までの日本の国防政策は、この路線にそったものであった。この国防政策をとるかぎり、軍隊の役割は国民の誰にも十分理解できるから、徴兵制をとって国民に重い負担をかけたにもかかわらず、日本国民と軍隊との関係はきわめてよかった。日露戦争にあたって、日本軍が発揮した高い戦意も、こうした国民の強い支持が背後にあってのことである。

だが、日露戦争に勝利した日本帝国は、アジア大陸に強大な利権を獲得し、南満州鉄道を中心に中国東北部に駐兵権、鉱山などの開発権を得た。さらに韓国を併合した日本は、アジア大陸の「強国」としての地位を国際的にも認められることになった。この地位を維持するだけでなく、さらに拡大しようとするために、アジア大陸での戦争に備えた「軍事力」を整備することが、日露戦争以後の日本の国防政策の基本となる。明治四〇年に制定された「帝国国防方針」は、その具体的な表現である。

陸軍平時二五個師団、戦時五〇個師団、海軍八・八艦隊という兵力の整備を目標とする「帝国国防方針」の制定で、日本は経済情勢あるいは日本を取り巻く国際情勢の変化に、機敏に対応しながら、自国に有利な立場を確保するために、国防政策を変更するのではなくもっぱら軍事的な要請だけで、それも作戦に有利な態勢をつくることを目的に、国防政策を立案する体制を確立してしまった。政治が軍事に優先するのではなく、軍事が政治を支配する「軍国主義」が定着したといってよい。

こうした国防政策の確立は、日本国民の総意を問うてのことではない。明治四〇年の「帝国国防方針」が公然化したのは、それから三七年後の昭和二〇年以後のことである。それまで、それ以後も何度か改定された「帝国国防方針」は、いっさい日本国民に明らかにされたことはない。いわば、軍部の指導層、一握りの政界首脳部だけが、国防方針の内容を知っていただけで、日本国民のすべては策定の事実そのものさえ、まったく知らされていなかった。しかも、この国民に対して秘密にされた「帝国国防方針」に従って、日本国民は経済面では重い軍事費を、肉体的には厳しい軍隊教育を強要されたのである。

どの国民もそうだが、政策の決定について自ら選出した国会議員の論議、さらに新聞など報道機関の伝えるニュースを通じて、十分の情報と知識、さらに自らの、主張を許された場合には、その政策の正当さを信ずることができ、そこには自発的に政策の遂行に協力しようとする雰囲気が生まれるが、国民のまったく関知しないところで政策が決定され、しかもその政策によって自らの運命が左右される事態に直面することになれば、当然強い反対が発生する。日露戦争のあと、日本国民は軍部に対して強い反感を示すようになるのも、「帝国国防方針」策定に見られるように、日本国民の望む政策ではなく、軍部の考える「アジア大陸の強国」を追求しようとする路線に、本能的に反発したためである。

近代化努力の放棄

さらに日本の場合には軍隊、とくにその指導層である将校の役割が大きく変化した事実を無視できない。明治維新のあと、欧米の技術、文明を導入して自国の近代化を推進しようとした政府の方針は、それなりの国民の支持を受けた。この近代化への努力にあたって、将校は単なる軍隊の指揮官、指導者としての役割に加え、徴兵制によって毎年入隊してくる青年たちを、生活様式、発想法、技術、さらに科学知識の面で指導するばかりでなく、自ら駐屯する地域の住民に対しても、近代文明を伝達する「教師」の役割を演じた。一例を挙げれば、日本に競馬を導入したのは騎兵将校である。パン食を普及させたのも、海軍士官である。撞球（玉突き）を全国に普及させたのは、陸軍の兵営には必ずあった「将校集会所」である。

こうした近代文明の導入にあたって、陸海軍の将校、士官たちは、いまに残る多くの欧米文物を普及させる「教師」としての機能を果たした事実を否定できない。それだからこそ、日本では将校、士官が社会的に高く評価される存在だったのである、日露戦争まで日本の陸軍将校が、全国の兵営とその周辺の地域社会で高く評価されたのも、かれらが地域社会の近代化に大きい役割を演ずる立場にあったからである。

こうした将校、士官の役割は日露戦争の直後から、大きく変化する。それは、日本の軍部がそれまでの謙虚に先進国の技術に学ぼうとする姿勢を変え、日露戦争までの先進国からの文物の導入を否定し、戦法、軍隊の訓練でも「日本精神」を強調し、より優れた技術の導入による兵器と装備の近代化を否定する路線に転換したからである。

また日本全体がしだいに近代化し、地方にも近代文明を積極的に学んできた人材が増え、日露戦争までのように将校、士官に近代文明のモデルを求める必要がなくなったのも、重要な要因であろう。だが、基本的には陸海軍とも海外からの軍事技術、軍事思想、兵学の導入に否定的な態度をとったところに、将校、士官たちの社会的評価を一挙に低下させた背景を求めなければならない。

と同時に、軍隊教育の内容も大きく変化する。明治維新から日露戦争までの間は、軍隊教育の中心は、欧米の進歩した軍事技術、近代的な兵器の使用法を教え、将校が近代的な知識を教える。寝るときにはベッドで毛布にくるまり、食事するにしても椅子テーブルを使う、それまで経験したことのない洋式化した生活様式を教育する一方。毎日米など食べたことのない農村出身者に一日六合の米、年に数回しか食べられない肉と魚を毎日与え、着たことのない暖かい毛織物の軍服を着せるという一般庶民には味わえない、一段高い生活水準を保障した。それだからこそ、当時の貧しい生活状態に置かれていた農村から徴集された青年たちは軍隊生活に、より安定した近代化された生活のよさを感じ、将校の教育を積極的に受け入れようとする姿勢を示したのである。

だが、日露戦争のあと日本陸軍はもちろん海軍でさえ、近代的な軍事技術の導入に消極的な姿勢を示す。当時でさえ、急速に進歩している軍事技術は、まだ自国で本格的な技術開発能力を持たない日本にとっては、たえず導入に努力しなければならない対象だった。陸軍をとれば、小銃、機関銃の生産体制は整っても、野砲でさえ新式の砲身後座式の量産は困難で、重砲の開発は事実上不可能に近い状態だった。また、直接戦闘に使用する兵器以外の装備、すなわち通信機器、観測機器、さらに兵員の生活を維持するために欠かせない給養機器、たとえば野戦炊事車の開発は極端に無視されたし、後方の軍需品輸送を担当する「輜重車」は、予想戦場の地形、道路情況が悪いこともあって、積載力の大きい四馬引き、六馬引きを導入する考え方がまったくなく、日露戦争後改定された「輜重車」の制式でも一馬引きのままである。

徹底した格差社会

日露戦争までの日本軍隊では、将校の補充方式はかなり多様だった。陸軍をとれば、正規将校を養成する士官学校の卒業生が、その中心だった点に変わりはないがその一方、兵卒から下士官を志願し、下士官として日清戦争に参加して戦功を立てた者にも、将校に昇進する機会が与えられていた。海軍でも、兵学校卒業者を中核にしながらも、水兵から下士官、さらに特務士官への昇進を認めるとともに、特務士官にも兵学校出身者と同じ待遇を与えていた。

陸軍では、日露戦争での将校の損害が予想を大きく上回ったため、その補充に苦しみ、下士官からの昇進、一年志願兵出身の予備役将校の大量採用など、下級指揮官の補充に努力したが、戦後は一転して正規将校のみを在隊させ、戦功のあった特進将校（兵卒、下士官から昇進した将校）、予備役将校を復員の名目で全員軍隊から追放した。これは、戦争中膨張した兵力を、はるかに規模の小さい平時兵力に縮小しなければならなかったという事情からだが、この措置によって、軍隊内での上下の格差は戦前よりも一段と拡大し、厳しくなった。

第一次大戦後、敗戦によって戦前の平時兵力八〇万の八分の一にすぎない一〇万に、強制的に縮小させられたドイツ陸軍は、全体で四〇〇〇名に制限された将校のなかに、戦争中に戦功の著しい下士官出身、あるいは一年志願兵出身の予備役将校を約一〇〇〇名採用した。戦前のドイツ陸軍は、将校の平時定員が三万二〇〇〇名だったから、ベルサイユ条約によって将校定員が四〇〇〇名に制限されたなかで、なるべく士官学校出身の正規将校を温存するやり方を避け、戦功のあるまた能力の高い将校を、出身に差をつけずに採用したのは、日本陸軍のとった人事政策に比較して、はるかに進歩的である。こういう柔軟な、能力本位の人事政策をとったからこそ、一九三三年にヒトラーの下で本格的な再軍備が始まってから、将校団の急膨張が必要になったときにも、その質を低下させることなく、有能な高級将校が確保できた。第二次大戦中に将官に昇進したドイツ将校のなかで、正規のルートで養成された将校が、全体の八三％にあたる二〇〇〇名にのぼる一方、下士官、したがって兵士からの出身者、あるいは一年志願兵出身予備役将校の出身者が一七％を越える三八〇名に達した。この事実は、日本陸海軍では一名たりとも正規の士官学校、兵学校出身者以外の出身者が将官になっていないのと好対照である。

士官学校、兵学校出身者とそれ以外の出身者とでは、昇進だけでなく、軍隊内の待遇にも著しい差があった。昭和六年から日本陸軍は、予備役将校からいわゆる「特別志願将校」を採用して、一年志願兵出身の予備役将校を現役将校とすることにしたが、かれらは一年ごとの採用であり、最初の間は士官候補生の成績審査すら許されなかった。海軍でも軍艦には兵学校出身者だけの一次士官次室、下士官出身の特務士官の入る二次士官次室と居住区を差別した。特務士官は少佐止まりであり、それ以上の階級には昇進を認めなかった。第二次大戦の進行とともに、将校が著しく不足するにつれ、こうした差別待遇はしだいに撤廃されたとはいえ、こうした出身別による差別が平時の軍隊での雰囲気をどれほど暗くしたかは、いまでは想像できないものがある。

硬直化した発想

こうした身分的な差別が、将校の間でさえ定着し、むしろ拡大しているなかでは、士官学校、さらに陸軍大学卒業という学歴によって特権を認められた将校は、その特権のうえにあぐらをかいて軍事学の勉強を怠ける。差別待遇を受けている将校たちは、もちろん軍務に必要な軍事学の研究に取り組む意欲を持たない。機械的に軍務を遂行して、少しでも勤務年限を延長し、退役後に与えられる恩給の額ばかり気にすることになる。

陸軍よりも技術革新が強い影響を示す海軍でさえ、士官の評価にあたって重視されたのは、仲間の士官たちとの交際のよさである。よく引用される「次室士官心得」を見ても、そこに書かれているのは軍事学の勉強の奨励ではない。「ガンルーム士官（中少尉の青年士官を指す）は単縦陣」つまり全員が一緒になって行動せよ、具体的にいうなら、全員が酒を飲みに行き、芸者を抱いて遊興せよというのである。仲間の士官たちが勤務を終わってから、全員上陸して遊興しようというなかで、一人だけ勉強しようとする士官は、「ガツガツしている」あるいは「カーブをあげようとする」奴だと嫌われた。こういう雰囲気のなかでは、青年士官が自発的に勉強しようとしても、きわめて困難である。

有名な話だが、後の連合艦隊司令長官となった山本五十六が、初めて航空の分野に入って霞ヶ浦航空隊副長の配置についたとき、毎晩おそくまで士官室で遊んで、深夜になってから航空技術の勉強をやったという。これは山本五十六の高い能力を物語ると同時に、当時の海軍士官たちがいかに勉強する同僚を嫌ったかを示している。どの士官も山本五十六と同じように、一日三時間の睡眠時間に耐えられたわけではない。山本五十六ほどの能力を持っていたとは信じられない。ということは大多数の士官は、軍事学の勉強に努力せずに、機械的に勤務していただけということになる。

旧海軍士官たちが誇っている「民主的な雰囲気」は、必ずしも勉強に努力するのに役立たなかったどころではない。同じ特権のうえにあぐらをかく、気の合った仲間うちの気楽な交際ぶりを示す表現にすぎない。その結果、海軍といえども世界の大勢にはるかに立ち遅れたのである。

将校の怠慢と士気の低下

軍人の本務は、平時にあっては教育である。給料をもらいながら、軍務に服する将校は何よりも軍事学に限らず、政治、経済、社会などの勉強に努めるのが、教官としての機能を発揮するための前提条件である。軍隊に限らず、学校でもそうだが、教えられる側は教官が最新の情勢に通じているだけでなく、政治、経済、社会などの動きについても、正確で豊富な知識を持っているかどうか、またこうした知識を身につけるために努力しているかどうかに、きわめて鋭い感覚を持っている。これは当然のことである。たえず進歩している社会のなかで、かつて何十年前に自分が学校で習った知識だけを、いまの若い学生に教え込もうとする教師に、学生は絶対に敬意を示さない。軍隊でも同じである。教官となる将校、士官に教えられる側の兵員は、鋭い感覚で教育者として資格があるかどうかを判別する。

もし、教育者としての資格がないと兵員たちが判別した将校であっても、かれらの判断でこうした将校がその職を解かれるものではない。したがって、被教育者となる兵員たちは、こうした自ら知識の習得に努力しない将校に対しては、表面敬意を示しても、内心では軽蔑《けいべつ》する。

こうした不信の目で学生から見られているというのは、教官にはすぐわかる。そのとき、教官はどうするか。自らその職に耐えないと悟って退職するのがベストだが、職業軍人として一生を軍職に賭けている将校には、こういう選択はできない。こうした不信の目で兵員に見られていると知った将校は、まず公式に与えられ、軍規によって保障されている自分の権威、すなわち自分の命令に絶対服従を求めている軍隊内の規律を利用し、徹底的に兵員の反抗的な態度をくじこうとする。そこに、いわゆる「新兵いじめ」が発生する背景がある。

指揮官として与えられている命令の権威を主張して、部下を強制するだけでなく、自分自身の知的水準、自己教育の努力に自信がある将校なら、教育内容、その方法についても自ら創意工夫をこらし、まったく軍事知識も持たない素人の兵員にも、十分理解できるようにわかりやすくかみくだいた説明ができるが、自分自身が自発的に勉強する習慣のない将校には、こうした教育などできるわけがない。かれらは、強制的に教科内容を丸暗記させる以外に教育手段を持ち合わせていない。どの学校でもそうだが、こういう丸暗記一本ヤリの教育しかできない教師は、生徒にとってはまったく面白くない存在である。民間の学校なら、生徒は教師に反抗できるが、軍隊ではそうはいかない。そこで兵員は面従腹背の技術を身につけることになる。こうした態度を兵員にとらせるのは、何よりも軍隊内での生活を左右している将校の責任である。

こうした雰囲気が拡がっている軍隊では、当然のことながら兵員の士気が低下する。何をやるにしても、上官の命令がなければ兵員は自発的行動を起こそうとしない。そればかりか、訓練の成果についてもその判別の客観的な基準をはっきりさせ、その目標を誰にも理解できる正確なものにする努力が、兵員のなかから生まれてこない。兵器を使う立場にある兵員のなかから、できるだけ使いやすく、かつ性能の優れた兵器をつくろうとする積極的な姿勢は、いっさい生まれてこない。それどころか、与えられた兵器の改良を兵員が提案すること自体、軍隊の、さらに上官の権威を傷つけるものとして、厳しく禁じたのが日本軍である。

こういう状態になってしまった日本軍では、兵員の訓練はもちろん将校、士官たちも与えられた命令どおり機械的に軍務に服するだけ、あとは同僚たちと酒を酌み交わして、「肝胆相照らす」になればよいという仲好しクラブの世界に没入しておれば、年功によって昇進していく。こうして高級指揮官の地位まで昇進した将校は、なんら勉強の習慣のない、世界の大勢に暗い連中ばかりになって、近代的な軍事技術の知識を持たない、ただ階級章の権威しか持たない存在になり下がる。そこでは、責任に伴う能力を持たない高級将校たちが、責任はないものの行動力を持つ若い参謀たちに振り回される背景が生まれて当然である。能力本位の抜擢人事が崩壊し、年功序列人事、さらに派閥人事が横行する。陸軍での「皇道派対統制派」、海軍での「艦隊派対条約派」の対立は、必然的に発生したものであると同時に、その背景にある腐敗現象に注目しなければならない。それが、第二次大戦での敗北につながる原因の一つとなったのである。

とくに、第一次大戦の教訓を学びとることのできなかったのは、それ以前に海外での新しい技術、情勢の変化に対応しようとしなかった発想の「硬直化」、さらに「夜郎自大《やろうじだい》」に求められるべきである。

米軍との対比

といっても、第二次大戦中、日本軍はよく戦った。主戦場となった太平洋戦場では、日本軍は陸海とも米軍を相手に激闘を繰り返した。航空戦を見ても、日本軍は米軍に対し、当初は一対二ないし三の比率で対戦して勝利を収めたが、中期になると航空機の性能に差がついてきたうえに、パイロットの訓練時間が米軍の場合、開戦時の一五〇時間から二五〇時間へと延長され、それだけ操縦技術に熟達したパイロットが増えたのに対し、日本海軍では逆に一五〇時間が六〇時間に短縮され、それだけ技能が低下したため、急速に戦力比が悪化した。末期には、日本側は逆に一対三ないし四という比率でようやく対抗できる状態になった。

陸上戦闘では、初期は日本軍が圧倒的な強さを発揮し、ガダルカナルでは補給を断たれた日本軍は、大量の餓死者を出して敗北したが、それでも損害全体では一万五〇〇〇に止まり、これは米軍の全損害約一万五〇〇〇とほぼ等しい。だが、昭和一九年のサイパン戦では米軍の損害は一万弱、日本軍は三万を越えた。これは、築城が不十分であったうえに、多くの民間人を抱え、戦備が十分でないまま優勢な米軍の進攻を迎えたためである。昭和二〇年の沖縄戦では、米軍の損害は戦死、負傷合わせて四万に達し、その他に病者を含めれば八万にのぼった。日本軍の損害は約八万、その他に民間人に一〇万人近い損害が出た。

全体としてみれば、日本軍はほぼ一対一ないし三の比率で損害を出し、同時に米軍の作戦目的の阻止には一度も成功しなかった。この戦績は、海上作戦についてはもっと悪い。日本海軍は、昭和一八年以降、どの戦闘においても米海軍に対抗することができなくなった。これは航空戦力の消長と直結しているが、熟練度の低下したパイロットでは米軍の圧倒的に優勢な航空戦力に戦術的にも勝てなくなった。その結果、ついに日本軍はいわゆる「特攻隊」による神風攻撃を行う以外に、米軍に損害すら与えられない状況に追い込まれてしまい、末期においては航空作戦だけでなく、潜水艦作戦においても「回天特攻隊」が出現した。

どの戦争においても、必ず戦死者が出る。だが初めから必ず戦死するという前提で、戦闘するという発想は常識では考えられない。それだけに、日本の「特攻隊」の出現は、米軍には深刻な影響を与えた。撃墜されそうになれば退避するのではなく、そのまま突っ込んでくる「特攻機」ほど扱い難い相手はない。とくに兵員の心理的な影響はきわめて大きく「特攻機」の攻撃をうければ助からないと考える兵員は、「特攻機」の姿を見ただけで、恐怖のあまりパニックにおちいるケースが多発して、米軍指揮官を困惑させたのである。

個別の戦闘では、陸上、海上、航空とも日本軍はよく闘った。とくに下士官、兵の戦意と戦闘技術はきわめて優秀であり、日本人が勇敢な戦士であるとは米軍指揮官すべてが認めている。だが、日本軍の指揮官については、とくに作戦全体の指導を担当する高級将校については、その能力、判断力とも国際水準を下回った低いものであるとの判断が圧倒的である。残念ながら、それが日本を敗戦に追い込んだ原因なのである。

中国軍との対比

第二次大戦で日本軍が最も長期間、また陸軍の主力をあげて戦ったのは中国軍である。昭和一二年から二〇年までの八年間、日本軍は中国の大半を戦場として、中国軍と戦闘した。兵力数で優っても、装備と訓練で劣る中国軍は、正面から日本軍と決戦を挑むことを避け、広大な国土を利用して日本軍の前進には側方に撤退し、日本軍の後方に回ってゲリラ戦を行うのを基本戦略としていた。

もちろん、この戦略をとれば、中国の主要都市はすべて日本軍にとられてしまう。鉄道、内陸水路などの交通手段も日本軍が制圧するのは避けられない。戦争の初期に、北京など華北の主要都市、上海、南京、漢口など華中の主要都市はすべて日本軍に占領された。昭和一四年からは、日本軍は奥地への進攻作戦を停止し、占領地の周辺で中国軍との戦闘を展開して、機動作戦によって中国軍の戦力を消耗させ、和平を実現しようとした。この進攻作戦の停止は、日本軍の戦力が限界に達した証拠である。事実、中国の指導者だった蔣介石は、この判断に立って中国軍の再建に努力する一方、中国軍は総力をあげて日本軍と決戦を開始する。昭和一四年冬期攻勢、一五年の秋期攻勢など一連の攻勢作戦がそれである。だが、日本軍の戦闘力はまだ中国軍を上回っており、中国軍の攻勢作戦に対して日本軍は機動作戦を展開して、中国軍に大打撃を与えた。

こうした一連の作戦を通じて、日本軍は「中国軍一個師団に日本軍一大隊で対抗できる」と判断している。日中両軍とも、戦果の発表については正確さよりも政治的効果を狙う傾向があるため、この判断がはたして正確であったかどうかは、いまから判別できないけれども、現地で作戦指導を担当した将校の判断は、たいした狂いはないといえるだろう。政治的な決着をつけようとする日本側の意欲は、複雑な原因があったにもせよ、すべて失敗に終わる。第二次大戦が始まったあと、中国戦場に大兵力を釘付けにされた日本軍は、今度は本格的に中国軍に打撃を与えるために、昭和一九年に入ると大規模な進攻作戦を再開した。華北での河南作戦、華中での桂州＝柳州作戦である。この時点になると、米国から大量の軍事援助がビルマ経由で中国に送られ、中国軍は初めて米国製の近代兵器を装備し、米軍将校によってその使用法を訓練された部隊を前線に派遣して、日本軍に対抗できる戦力を持つようになる。

昭和二〇年の戦闘ではついに日本軍が火力において中国軍よりも劣勢になる。六月の宝慶作戦の失敗、桂林、柳州からの撤退でようやく中国軍は、長年待望していた中国戦場での軍事的勝利がいよいよ目前に来たと判断できるようになった。このときに、日本は無条件降伏したのである。中国軍が、近代兵器の装備に欠け、さらに抗日意識は強くとも軍事知識に乏しく、指揮能力の低い将校が指揮官だった時期には、日本軍に対抗することはできなかった。米国製の近代兵器を装備した部隊が出現した昭和一九年になって、中国軍は有効な戦闘能力を示したにすぎない。

八路軍など中国共産党軍についても、日本軍は強大な戦闘力を発揮した。昭和一五年八月の「百団大戦」は、戦略的にも戦術的にも優れた作戦計画に基づく奇襲攻撃だった。華北にいた北支那方面軍は、この攻撃によって大きい衝撃を受け、これ以後は中国軍、国民党軍との戦闘から八路軍のゲリラ戦に対抗する方向に、戦略を転換する。正規軍との戦闘よりもゲリラ戦のほうが、日本軍のように硬直化した発想しかない軍隊には、はるかに困難である。けれども、北支那方面軍は、情報収集、作戦指導などに工夫をこらし、一時的にもせよ、八路軍の戦力を大きく減退させることに成功した。情報収集をとっても、八路軍支配地域を蔽《おお》う諜報網をつくり、さらに八路軍の使用している無線暗号の解読に努力し、ついに部分的にもせよその解読に成功して、今度は八路軍を奇襲攻撃できるようになった。国民党軍よりも一段と兵器の装備で劣っている八路軍は、正面からの戦闘を避け徹底したゲリラ戦、さらに後方の攪乱《かくらん》に努力した。

第二次大戦が始まり、米軍との戦闘に兵力を必要とした日本軍は、中国戦場から戦闘経験の豊富な部隊を次々に抽出して、太平洋戦場に転用したが、これによって華北でのゲリラ戦に熟練した兵力が減少し、代わって派遣された日本軍部隊は、素質が悪く、訓練も不十分だったから、たちまち八路軍との戦力比が低下した。広大な戦場に分散配置され、少数の兵力でいつ襲撃してくるか予想のつかないゲリラと戦闘しようとすれば、現地の地理について熟知しているだけでなく、攻撃された場合にはいつで応戦できる態勢をとり、駐屯地にも堅固な陣地を構築し、弾薬を十分保有して、常時緊張していなければならない。これは、精神的にも肉体的にもすさまじい負担を意味する。若く、体力のある現役兵でないと、こうした戦闘に耐えることはできない。華北から現役兵を主力とする師団が次々に抽出され、代わって派遣された部隊は、老年の訓練の足りない予備役の兵が主体となったために、八路軍との戦闘は日本軍に不利になった。華北でのゲリラ戦のために、「北支那特別警備隊」（北支那特警）が編成されたのは、情勢が不利になってきた昭和一九年のことであり、日本軍は全体として八路軍とのゲリラ戦に対応する態勢は著しく立ち遅れていた。

中国軍との戦闘は八年にもわたって続いたにもかかわらず、また日本軍の損害も一〇〇万に達したが、日本軍の出した捕虜はたった二〇〇〇名にすぎない。中国に派遣された日本軍の兵力は戦争の末期には一〇〇万を上回ったことからみても、この捕虜の数は異常なまでに少ない。この数字から判断するかぎり、日本軍は中国軍よりも優勢を維持したまま、戦争の終結を迎えたといってよいだろう。

ソ連軍との対比

第二次大戦で、日本軍が大規模な戦闘を展開した、もう一つの軍隊はソ連軍である。昭和一三年の張鼓峰事件、続いて昭和一四年のノモンハン事件、昭和二〇年のソ連による満州進攻と師団規模以上の本格的な戦闘は三回ある。

このなかで、最も深刻な影響を与えたのはノモンハン事件であろう。日本軍の第二三師団が、ジューコフ指揮の優勢なソ連軍と戦って、ほとんど完敗に近い打撃を受けたからである。この戦闘によって、日本軍はソ連軍の火力がきわめて強大であるだけでなく、膨大な補給能力を持つこと、さらに戦術的にも日本を上回る能力があることを教えられ、ソ連軍との本格的な戦闘において勝つ見通しを失った。その結果、翌年ドイツがソ連に進攻したときにも、ついにソ連軍を攻撃する決断を下すことができなかった。

また、ソ連軍が政治決定にきわめて忠実であり、前線最高指揮官のジューコフはスターリンの指令を忠実に実行し、ソ連軍は第一線での戦術的勝利にもかかわらず、自国の主張する国境線をついに一歩も越えようとしなかった。この鉄の統制ぶりは、第一線指揮官が戦闘での勝利を理由に、中央部の制止を振り切って戦闘を拡大してきた日本陸軍とは、まったく対照的である。

ノモンハンの戦場で戦った日本軍は、装備においても戦法をとっても、ソ連軍にはるかに立ち遅れている事実が明らかになった。火力を組織的に発揮する能力をとっても、ソ連軍は空軍による地上攻撃、長い射程を持つ重砲、さらに野砲と日本軍の部隊を前線から後方まで全面的に制圧する方式をとった。日本軍は、より短い射程の火砲しかないのに、空軍による地上攻撃は訓練しておらず、制空権を持っていた時期でさえ、ソ連軍の砲兵陣地を日本の航空部隊が攻撃しようとしたことはない。

戦車をとっても、日本軍の戦車は火力、装甲ともソ連製に劣っており、第一戦だけで戦力を失った。整備についても、燃料などの補給にも日本軍には大きい欠陥があり、戦術的にもソ連軍よりも判断の誤りが多く、結局決戦兵力として使用に耐えられないことがはっきりした。

砲兵も、装備している火砲は旧式化しており、射程は短く、弾量も少なく、射撃指揮についても敵砲兵陣地の標定は不十分であり、一方、自分の陣地を徹底して偽装するという発想に欠けていた。対戦車戦闘についても、有効な対戦車砲がなく、徹甲弾の性能が不足していた。「肉弾」というとおり、損害を顧りみず、歩兵が火炎瓶で戦車を攻撃するだけであって、たとえばドイツ軍がやったように手りゅう弾を束ねて、破壊力を強化する方式はついに日本軍は考えさえしなかった。

補給力についても、水に乏しい戦場で有効な機能を発揮した防疫給水部は注目に値する成果をあげたが、弾薬などの補給はきわめて不十分である。航空部隊をとっても、戦闘による損害の補充にあてるパイロットの不足は著しく、戦闘機パイロットの補充はたちまち行き詰まり、縦深の不足によって戦力が消耗する結果を避けることができなかった。

第一次大戦の教訓を学ばず

日本陸軍だけでなく、日本海軍も同じことだが、第一次大戦の教訓を学ぶという点で、著しく立ち遅れた事実は否定し難い。本格的な消耗戦争だった第一次大戦では、最終的にドイツを軍事的に圧倒して勝利をもたらしたフランスのクレマンソー首相がいうとおり、「戦争という仕事は軍人に任せておくには、あまりにも、重要な仕事だった」が、この教訓をついに日本の軍部指導者は学ぶことができなかった。ドイツの敗戦にしても、その真相は連合軍の激しい攻撃に耐えられなくなったドイツ軍統帥部は、これ以上戦闘を続けても勝利の見通しがなくなったと判断し、連合軍の要求を受け入れて、ドイツの軍国主義的指導者を自ら排除する方向の動きをとり、一九一八年一〇月二六日にはまず陸軍参謀次長として事実上の独裁権を行使していたルーデンドルフを辞任させ、ついには一一月七日かれの後任となったグレーナーの口を通じて、陸軍の最高統帥権者だったカイゼル・ウィルヘルム二世に、最後通告ともいうべき「軍旗の誓いは、もはや空想にすぎません」といわしめる。ドイツ皇帝に、どの兵員も将校も入隊するときに、軍旗に手を置いて忠誠を誓うが、その誓いが空文になったということは、皇帝に対してドイツ陸軍全体が忠誠を維持していないことでもある。軍隊の信頼と忠誠を失った皇帝は、自らの権力基盤を喪失したと覚って、最も手近な中立国であるオランダに亡命し、ドイツ帝国は崩壊する。

この敗戦をもたらしたのも、ドイツ陸軍が連合軍に完全に軍事的に敗北し、もはや戦勢を回復できる見通しを失ったためである。当時の戦線が、東西ともドイツ領内にまで及んでおらず、連合国の領土内で戦闘が続いていたのは紛れもないが、軍事的にドイツが優位を保っており、敗北したのは後方の国内で革命が発生し、戦線で勝利していたドイツ軍の背後から「匕首《あいくち》で一突きされたため」という伝説は、もっぱら敗戦の責任を免れるためにドイツ軍統帥部が流した宣伝だったが、この事実に反する宣伝を当時の日本陸軍は、ついに見抜くことができなかった。

こうした誤りが発生したのは、何より欧州での正確な軍事情勢についての知識を欠いたためである。日本人独特の「留学先の国に親しみを感じる」習性も大きく影響している。ドイツに留学し、ドイツ陸軍にその模範を求めた日本陸軍首脳部にとってはドイツ陸軍が軍事的に全面的に敗北した事実は認め難いことだったし、戦勝の勢いを借りて威勢のよかったフランス留学組に対して、反論するにもドイツ陸軍首脳部が唱えた「匕首の一刺し」論は、絶好の材料になった。軍事的に敗北したドイツ陸軍は、内部でこそ敗戦の教訓を徹底的に分析したが、部外に対しては軍部の威信を守るためにも、敗北の事実をいっさい認めようとせず、もっぱら国内の革命勢力に敗戦の責任を負わせる態度をとり続けた。この責任転嫁の姿勢は、第二次大戦後も続いている。

第二次大戦の敗北の責任は、いっさいナチ党とその指導者、とくにヒトラーにあり、ドイツ陸軍はヒトラーの無謀な戦争に反対であったし、かれを暗殺してでも戦争を停止させようと努力したと主張するドイツ高級将校、たとえば有名なロンメル元帥の参謀長だったハンス・シュパイデル中将は戦後多くの著書を通じて「ロンメル元帥は反ナチ派」と繰り返し述べている。一九四四年七月二〇日のヒトラー暗殺事件に関与したとして、ヒトラーの命令で自殺を強要されたロンメル元帥は、戦後の西ドイツでは国民的英雄として尊敬され、ドイツ国民の良心の象徴とされ、国民に団結をもたらすシンボルとして扱われているのも、この論説が大きく寄与した。

だが、この論説は必ずしも事実を踏まえたものではない。ロンメル元帥が、有能な指揮官であった点に異論はないが、かれがはたしてシュパイデル中将のいうように心からナチを嫌っており、反ナチ運動に支持を与えていたかどうかは、大いに論の分かれるところであるし、かれの自殺がどういう理由でヒトラーによって強要されたかについても、多くの異説がある。

ドイツ陸軍の指導者たちは、ドイツが完全に敗北したため、ドイツ国民が国民としての団結を失うことを恐れて、敗戦のなかにも軍人として、また騎士道的なイメージを与える人格の持ち主として、軍人のなかからドイツ国民の敬意を捧《ささ》げるのにふさわしい人物を、誰か選択しようとする習性がある。それが第一次大戦の敗戦ではヒンデンブルク元帥、第二次大戦ではロンメル元帥というのである。

問題は、こうした英雄的な軍人をドイツ国民の団結の象徴として選ぶこと自体にない。それはドイツ国民の問題である。日本人としての問題は、こうした英雄の選択と推挙が、いったい何のために行われるのかを正確に見抜き、こうした宣伝に惑わされないことである。どの国民も、自国民の団結を維持するために何かの象徴を必要とする。そのこと自体、ある意味では当然の権利かもしれない。だが、こうした世論操作の裏側にある事情を正確に分析し、その真相を見抜く判断力を持つことが、一国の指導者たるべき人物には不可欠なのである。また、そこにこそ、戦争の教訓を学びとる最大の手掛りがあるのである。この点で、日本陸軍はまさしく国際的な常識に欠ける、同時に国際的なレベルを下回る判断力しかなかったといわざるをえない。

第七節　ロシア軍

ソ連邦からロシア連邦へ

旧ソ連邦の時代、モスクワの街には、「クライスオフィス」というのがあった。その「クライスオフィス」とは、共産党の地区委員会である。かつて筆者がモスクワを訪問した際にこの「クライスオフィス」を訪ねたことがあった。

そこには高齢の男性が一人で、日本流にいえば、住民登録の原票を管理していた。その原票に載っている住民からのいろいろクレーム、あるいはまた要望がくると、全部かれが取り仕切って、それをモスクワ市党委員会に報告する。かれ一人で三万人ものさまざまなクレームを処理していた。

一番多いのは、インフラのトラブル。つまり電気、ガス、水道のトラブルが一番多い。そのため「クライスオフィス」は、モスクワの街だけで二〇〇カ所ぐらいあるということであった。

このモスクワの街というのは、同時に軍隊の街でもあり、陸軍大学校、空軍大学校などの大学校がたくさんある。そのなかに、たとえば陸軍でいえば、フルンゼ大学校というのがあって、これが一番ハイクラスの高級将校の候補者を養成する学校である。そのほかにいくつも大学があり学生が勤務している。

大体、将校総数の三分の一が学生である。その学生たち、もちろん転勤で地方から出てきた家族も一緒に生活している。その人々に住まい与え、管理する。また、軍人だけの、それも幹部将校だけの生活協同組合で生活物資の配給をコントロールしなければいけない。これも、すべてクライスで管理している。

ソ連邦時代の「クライスオフィス」がどうなったかというと、やはり今もそのまま残っている。

つまり、ソ連邦の産業全体が国際競争力を失って、結局それでつぶれたにもかかわらず、そこから積極的に脱出するという努力がない、二五年間まったく努力していない。また、するということを誰も主張もしない。それからまたそれを組織しようともしない。

結果として、ものすごく経済状態が悪化し、そこへ逆オイルショックで二重のパンチで経済の悪化に追い打ちをかけることになった。

その後は、さらなるインフレに見舞われ、モスクワの街で年利一〇%くらいの高利貸しが出現し、その債権の取り立て屋まで出てきた。その街金の担保になっているのがアパートである。債権者をアパートから追い出し、そのいなくなったアパートを今度は競売にかける。それでもって債権を回収するという商売ができた。その商売に対抗するために、その被害者を救済するための、援護組織ができた。それが、少なくともいま七〇〇〇ある。それほど経済の悪化は進行しているのに、それでも解体消滅したはずのソ連邦からの脱却はできないのである。

その証拠の一つは二〇一四年三月、クリミア半島を併合するさい、ロシア軍の首脳部に対してプーチンが出した指示は、核戦争の準備をしろというものであった。つまり、ソ連時代となんら変わっていないのである。

だから、いまの世界体制はオバマの主張する「核なき世界をつくる」という方向があるにもかかわらず、ロシアはそれに逆行している。こんな危険なリーダーはいない。だからこそ、こんな危険なリーダーは排除するべきである。

しかし、まだ西側の世界では、冷たい戦争を再発させる気はない。同時に、そこで何をしなければならないかという明快な路線が打ち出せていない。リベラルだから話し合っている。話し合ってなんか平和が達成できるわけがないのである。

ロシアの軍需産業

そもそもロシアは冷たい戦争に負けたということが何を意味するかがわかっていない。だから、ロシアの軍需産業は相変わらずソ連邦型の戦車をつくっている。

ソ連邦型の戦車の設計方針は、実は一九三八年に決まっている。スターリンが中央委員会総会を開いて、今後の戦車の設計についてという路線を決めている。そこで何を決めたかというと、戦車の三つの要素、装甲、火力、速力である。この矛盾する三つの要素、つまり装甲を厚くすればするほど速力が出ない、速力を出そうとすれば装甲を薄くしないといけない、火力を小さくしなければ重い戦車になる。それらを全部勘案してバランスを見なければいけない。その三つを総合して統合して新しい戦車を設計するとすれば、たった一つの方針がある。それは、戦車の車高を背の高さを小さくすることである。だから、ソ連の戦車というのはT‐三四はもちろん、同型から始まってずっとT‐八〇まで、車高はほとんど一メートル同規模の戦車より小さくなっている。筆者はブルガリアに旅行した際に、T‐六〇に乗ったことがあるので実話である。

筆者は一メートル六五センチあるのだが、T‐六〇に乗るとハッチが閉まらない。どうしても閉まらない。だから、乗っていた操縦員が恐らく一メートル五〇センチ台の男なのだろう。つまり中央アジア系の人間しか操縦員になれないということである。

その結果として、ソ連軍の戦車は稼働率が低かった。ロシア民族出身の戦車長からの指令がロシア語で言われると、操縦員には伝わらない。これでトラブルが多発したため、稼働率が非常に低くなった。

それでも共産党中央委員会の決定で出された戦車設計の方針は、共産党中央委員会でしか改正ができない。それが共産党の一党独裁体制の中身であると考えてよい。

湾岸戦争で全滅したソ連製戦車

一九九〇年一月の湾岸戦争で、イラクのフセインが世界一の性能を持っている戦車だと喧伝されていたT-八〇を、ごっそりソ連から軍事援助で受け取っていた。世界一の戦車なら、クウェートに入ってきた多国籍軍の戦車と戦っても勝てるはずという目論みであった。

ところが、なんと被害が四〇〇対ゼロで全滅という結果であった。それを、ソ連軍の首脳はものすごいショックとして受けとめた。「冷たい戦争」といえども、本当のところの兵器の性能というのは実戦でなければ証明ができない。その実戦が四〇〇対ゼロの結果で終わったからである。

その後、ソ連では一九九一年八月にクーデターが企てられ、ゴルバチョフの改革路線をつぶそうという動きがあった。

そのときに、ソ連軍の首脳は誰一人そのクーデターに参加しなかった。だから、クーデターはわずか本当に線香花火みたいに三六時間で終結をむかえた。ソ連軍の首脳が動かなかったからである。ソ連軍の首脳には、すでに周知の事実があった。これでもしこのまま「冷たい戦争」をもっと続けて「熱い戦争」に展開したら、ソ連軍はロシアの大平原で米軍の戦車と正面衝突して全滅すると。対抗できないと。

だから、「熱い戦争」の可能性がある保守派の揺り戻しのようなクーデターに参加することはソ連邦の敗北だと。ほぼ崩壊だと認識していた。だったら、クーデターなんか参加できるわけがない。結局、クーデターを見捨てるほかになかったと考えて間違いない。そして一二月にエリツィン政権誕生となったのである。

ソ連共産党のとどめを刺したのはソ連軍であったといっても過言ではない。

ただし、そのとき大事なことは、ゴルバチョフの指令に基づいてソ連軍の首脳は忠実にその指令に服従したことである。共産党の書記長の指令は絶対として受けとめられた。

だから、ソ連邦は崩壊するときに一発の銃声も聞こえなかった。一発の銃声も必要としなかった。ソ連軍が自主的、自発的に崩壊したわけである。

ソ連空軍はすでに一九六二年に降参していた

これもおもしろい話であるが、実はソ連空軍は一九六二年にもうすでに手を挙げていた。

この年にレバノンのベイルートにＰＬＯが本拠地をつくった。そこからゲリラをイスラエル本土に送りつけた。ゲリラ作戦をやるためである。ちなみにその作戦を指揮したのがアラファトである。その拠点をつぶすため、イスラエル軍がレバノンに侵攻した。

結局、隣国のシリア（ソ連側）がレバノンのイスラエル軍を撃退するため、戦闘が行われた。六二年の六月二〇日、ベイルートの上空でイスラエル空軍とシリア空軍が大激戦を行ったのである。航空機決戦で、お互い一〇〇機前後の大編隊が出動した。シリア空軍は全部ソ連製のミグ二三を中心とした戦闘機であった。その結果、全滅、一〇〇機全滅ということとなった。

全滅した敗因は、照準装置であった。イスラエル軍の戦闘機クフィル（イスラエル産の戦闘機）、それからアメリカが生産しているグラマン社製のF四F、それらは全部レーザー照準であった。ソ連軍の戦闘機はミグ二三を含めて全部光学照準。両者は、精度が全然違う。レーザー照準というのは精度がとても高い。ソ連空軍がレーザー照準をつくれなかった、どうにもならない。もうアメリカ空軍と決戦する気はない。初めから戦争にならない。それで空軍が最初に、六二年にもうすでにギブアップしたということである。

資金難にあえぐロシア海軍

ロシア海軍の問題は、まず原子力潜水艦の処理といってよい。原子力潜水艦のうち、日本海に配備されている潜水艦が四九隻。これら全部、港に係留しているだけである。

原子力潜水艦というのは、つないであるだけでも冷却が不可欠である。冷却するには電力が必要となる。しかし太平洋艦隊が電力代を払えない。冷却を止めたら爆発する。だから、現在極めて危険な状態であるといえる。

そこで日本政府が支援して、年に二隻ずつ解体している。これは日本政府の資金で行われている。日本政府にしてみれば、日本海の北側で原子力潜水艦の爆発事故は是が非でも回避しなければならない。だから日本の資金でいまの解体が進んでいる。今年でちょうど五年になるから、一〇隻解体されていることになる。あと三九隻ある。

二〇〇〇年、沈没事故を起こした巡航ミサイル原子力潜水艦クルスクは一万七五〇〇トン。その名前の由来は第二次大戦中の独ソ激戦地クルスクである。あっという間に沈没したために、一一八人もの死者を出した。

このため建造予定の原子力潜水艦はすべて計画中止になった。膨大な資金をつぎ込んでも欠陥だらけの船しかつくれないからである。建造中だった航空母艦四隻も、全部スクラップとなった。ちなみにそのうちの一隻を中国が買い、それがいまの遼寧の原型である。スクラップになる予定の船を引っ張ってきて、青島の造船所で改装して完成させたというのが遼寧。これが中国海軍が持っているたった一隻の航空母艦なのである。

それはさておきいまのロシアの海軍力はほぼなきに等しい。あるのは黒海艦隊だけである。

一番の主力が核ミサイルを積んだ原子力潜水艦なのに、それも稼働していない。動いていない。動かせない。理由は三つ。一つは乗員がいない。これは高度な訓練をしなければなかなか乗せられないからである。そしてその高度な訓練をする潜水艦学校がない。解体されたと聞いている。だから熟練した乗員がいない。そんな中途半端な人間を使ったら、クルスクの二の舞になるだけである。

二つ目の理由は性能上、もうアメリカの海軍とは対抗できない。三つ目の理由は金がない。つまり、いまのロシア海軍の軍事力ということを考えると、たとえば核ミサイルはあるけれども、ちゃんと飛ぶのかどうかわからないという状態だ。

しかしプーチンの姿勢からいえば、なるべくそれをメンテナンス、つまり維持していこうとする努力を払っていることは間違いない。しかし人もいない。本当に使えるのかどうかわからない。そういう状況だと、技術革新などは、夢のまた夢である。

ロシア軍組織

以上のようにロシアは軍のシステム、組織、装備を変えていない。そして変えられないというのが私の見方だ。

ソ連邦が崩壊して共産党が崩壊して、軍もかなりの人材が外に出た。要するに、ロシアで軍人を雇用しておくことができない。だから、軍隊全体の規模が小さくなった。

大体、冷たい戦争が終わる九〇年代、ソ連軍は陸海空全部合わせて四〇〇万であったが現在は二七〇万人。そこで一番問題になるのは、職業軍人の行く末である。職業軍人は、ほかの職業につくだけの知識と教育を受けていない。そのくせ威張ることだけは知っている。九〇年代に失業した職業軍人が、ウクライナの軍事衝突の実行部隊である。あの義勇軍というのは、全部その職業軍人の退職組と考えてよい。

ウクライナの軍事衝突の問題というのは、ある種、国内にいたそういった職業軍人たちの活躍の場をつくってやらなければいけない、またつくるべきだというのがプーチンの発想なのである。

共産党の一党独裁体制というのは、ソ連の場合は七〇年以上続いたわけである。一九一七年から数えて一九九〇年、ほぼ七五年続いた。その間、国民全体の肌にいやというほど独裁が染み込んでいる。その肌に染み込んでいる状態を改革して、自由世界と同じものにしようとすれば、ものすごいエネルギーと、それからものすごい決断力と同時に実行力が必要である。

第5章　歴史の教訓を学ぶ

第一節　歴史は繰り返さない

戦争は進化する

人類の歴史を見ても、何よりもそれを彩る戦争が急速にあらゆる面で進化していることを認めざるをえない。国家権力相互が、いわば死力を尽くして自らの意志を貫徹しようと全力をあげて取り組む行動が戦争であってみれば、いったん戦争を決意した国家は、戦争に勝利するために、あらゆる資源（人的、物的、知的）を投入して、敵国よりも一段と優れた戦争のやり方、さらに兵器の開発に全力をあげるからである。

第一次大戦でも、それまでごく初歩的、言い換えればせいぜいのところスポーツ、あるいは偵察の手段としか考えられていなかった飛行機が、恐るべき「破壊」力を持つ新しい戦争手段として登場し、さらにまた、すでに農作業などに使われていたとはいえ、キャタピラを備えた新しい兵器、戦車が、これまた急速に実用化された。

第二次大戦では、第一次大戦で本格的に実用化の段階に入った航空機、戦車に加え、一段と恐るべき「破壊力」を持つ核兵器が登場して、実戦に使用されることになった。

第二次大戦後、この兵器の進歩はとどまるところを知らない。第二次大戦中にようやく実用化された地対地ロケットは、第二次大戦後急速に進歩して、いまや全世界のどの地点にも正確に目標を「破壊」する能力を備えたＩＣＢＭ（大陸間弾道弾）が完全に実用化されている。さらに一歩進めて、こうした大陸間弾道弾を飛行中に「破壊」するための新しい兵器体系として、「宇宙兵器」の開発がしだいに本格化しようとしている。

第一次大戦で実用化の段階に入った潜水艦をとっても、その推進動力が、ディーゼルエンジンから第二次大戦後は原子力機関に転換され、その結果潜水艦の性能はきわめて高いものになった。現在では、排水量二万トンあるいは三万トンと、第二次大戦前では海軍の主力だった大型戦艦に匹敵する巨大な原子力潜水艦が多数建造され、数百メートルから一〇〇〇メートルに及ぶ深海に長時間潜没したまま、多数の核弾頭を装備したＳＬＢＭ（潜水艦用弾道弾）を装備して、世界のどこにでも定められた目標を完全に「破壊」する能力を備えるようになった。

こうした新しい兵器の登場は、当然のことながら、その背後に驚くほどの急速な技術の進歩があるという事実を示している。

技術の進歩が社会を変える

一八世紀から一九世紀にかけて、欧州で本格的に始まった産業革命の結果、それまでごく狭い地域で、それぞれ自給体制に等しい孤立した市場しか存在しなかったものが、蒸気船、鉄道、電信によって世界的に一つの市場に結びつけられ、この市場を対象に、より大量の、コストの低い、しかも性能の優れた製品を供給する近代工業が成立する。

産業革命以前、一トンの鋼鉄を生産するのに必要だった石炭の量は三〇トンだったが、今日では、技術が進歩した結果、同じ一トンの鋼鉄を生産するのに、わずか〇・六トンの石炭しか必要としない。

言い換えれば、ここ二〇〇年間に、一トンの鋼鉄を生産するのに必要な石炭の量は五〇分の一になったのである。それだけ、当然のことながら鋼材の生産コストが下がっただけではない。同じ一トンの鋼鉄とはいえ、その性能はこの二〇〇年間に驚くほど高まり、鋼材の強度、さらにまた耐蝕性など、あらゆる性能に格段の開きができている。

同様にこの二〇〇年間に、かつて考えられたことのない新しい材料、たとえばアルミニウム、チタニウムなど、精錬に困難な金属材料が、さらにまたプラスチックス、最近のセラミックスのように、形態は天然の産物と変わらないものの、その性能に格段の開きのある新材料が登場した。とくに際立って変化の激しいのは軽量化、小型化の方向であって、ここ一〇年間をとっても、驚くほどのスピードで半導体が開発され、その結果、大型の、しかも性能の不安定な真空管は完全に姿を消し、わずか五ミリ角の、しかも一個当たり一〇分の一グラムといったＬＳＩ（大型集積回路）が電子材料の主力になってしまった。

セラミックスをとっても、以前と比べてはるかに高い機能の、しかも機能の確実な材料が次々に開発され、これまた驚くほどの安いコストで高度な性能を持つ工業製品が次々に実用化され、市場に登場している。

こうした驚くほどの技術の進歩を支えるものは、一つには市場での開発競争であり、同時にもう一つは、科学研究の驚くべき発達である。この二〇〇年間に、たとえば物理学は急速に進歩して、人類はついに核反応を自らの手でつくり出し、かつコントロールできる能力を身につけた。

その一方、天文学の研究が驚くほど進歩し、その結果、あらゆる物質の生成、さらにまた消滅に関係する大きな成果が次々に発見されている。

医学の分野をとってもまた、驚くべき進歩があらゆる面で見出される。それはまた、人間の病気を次々に克服する新薬の開発となり、さらにまたそれに支えられて、いまや心臓、肝臓など、脳髄を除くあらゆる臓器の人工移植すら実用化されるところまできた。その結果は、人間の平均寿命が驚くほど急速に延長するという成果を生んでいる。二〇〇年前の平均寿命は、せいぜいのところ、男四〇歳、女五〇歳までであったが、それがいまや、男七〇歳以上、女は八〇歳まで長生きするのが常識になっている。

通信手段の発達も著しい。いまでは、世界のどこで起こった事件であっても、通信衛星を経由してのテレビの同時中継で、世界中の人がその光景を目にすることができる。交通手段もまた驚くほど進歩し、世界一周に数年かかった二〇〇年前に比べて、今日ではわずか二日あるいは三日で世界一周が可能になるという変化の大きさが、社会の構造、さらに経済活動を大きく変貌《へんぼう》させている。

社会の発展と個性化

二〇〇年前の人類は、その大部分が、せいぜいのところ、生まれ育った自分の居住地から数キロの範囲の動きにしか関心を持たず、またそれで十分生活ができた。しかし今日の人類は、とくに先進工業国に住む人々は、世界の動きそのものが日常生活に強く影響せざるをえない環境に置かれている。たとえば中東で発生した戦争は、たちまち一九七三年の第一次石油ショックを生み、それが全世界の経済活動、さらにまた個人の生活にまで強い影響を与えたこと、イランで起こった革命が第二次石油ショックを生み、これまたより深刻な影響を世界全体に与えたことは記憶に新しい。こうしたことは、二〇〇年前にはおよそ想像すらできなかった状態なのである。

しかも、こうした変化は、着実に、しかも後退することなく進んでおり、その結果として、ますます世界全体が一つに結び合わされ、互いに強い影響を与え合うという関係が成立した。

国内をとっても、どの国においても共通している現象は、政府の役割が大きく変わったことである。かつては、もし病気になっても、医療費を十分支払えるだけの資力を持つ金持ちは別として、一般の貧乏人は医者にかかることもできず、辛うじて売薬が飲めればまだよしとしなければならない状態であったが、今日では、少なくとも先進工業国の人々は、医療保険制度の発達によって、最新の医療を経済的な負担を考えずに十分受ける体制ができあがっている。教育についても同様である。昔は、辛うじて文字の読み、書き、かつそろばんが使えれば十分とされた教育も、今日では、先進工業国を中心に、初等、中等教育までは、事実上ほとんど全員が受けられる状態となり、これに伴って文化も大きく変化した。日本をとっても、せいぜい戦後の四〇年の間に、読書人口はほとんど一〇〇倍に膨れたといってよいだろう。昭和の初期ならば、小説家は「貧乏文士」とされ、いま名作としてもてはやされている小説でさえ、その初版は、せいぜいのところ一〇〇〇部売れれば上等とされた。それが今日では、安い文庫本の普及と相まって、数十万部、数百万部の売行きが保証されている。

かつては報道機関といえば、せいぜいのところ新聞、雑誌、すなわち活字メディアのみが中心であって、昭和の初期には新しく登場したラジオがただ一つ活字以外のメディアとして存在していたが、今日では、テレビだけではない、さらにコンピュータのネットワークを通じての大量の情報伝達手段が高度に発達し、驚くほど大量の情報がはんらんしている。

こうした社会の発展も、当然のことながら、あらゆる面で、経済活動のみならず、人間集団そのものの構成、運営に厳しく影響するのは避けられない。

教育の普及、さらに文化活動の拡大につれ、人々の欲望にも大きい変化が発生する。かつて映画が多くの人々の関心を集める最も有力な娯楽だったが、いまはテレビがその役割を奪ってしまった。かつて人々の読書は、せいぜいのところ講談本だったが、今日は純文学の傑作にまで膨大な読者がいる。

人々の関心事にも大きな変化がある。戦前の貧しい時代には、誰しも食うことに必死の努力を傾けなければならなかった。いまでは、世界有数の豊かな生活水準に達した日本では、食事の量を増やすよりも、より質の高い食糧に関心が集まっている。健康食品が社会の注目を集めるようになったのは、それほど以前のことではない。こうした好みの変化も食料品業界に大きい影響を与えるのはいうまでもない。

インフレの鎮静に伴って、ますます多くの人々が一段と個性化を進める方向にある。これは品質の向上に人々が関心を持ち、よりよい品質の商品にのみ関心を示すことを意味している。この変化は目に見えない形で進行する。この表面に出てこない変化は、実はより厳しい形で市場の構造を変えることでもある。

政治の変化

二〇〇年前の世界では、政治の実権を握るのは一握りの王朝貴族に限定された。一般の国民は政治に対する発言権はまったくなく、王朝とそれを取り巻く一握りの貴族が政治のすべてを決定し、税金一つとっても、課税の基準もその率も、さらにまた徴収の方法についても、一般国民は単に受け身の立場しかとりえなかった。

経済と社会の発展によって急速に変わった政治体制は、いまでは普通選挙が、しかも男女平等の参政権が、少なくとも先進工業国では確立し、その結果政治家は、有権者の判断と受け取り方によって自らの政策を選択せざるをえない状況に置かれている。いい換えれば、政治体制は著しく変化したが、その変化の方向はますます「民主化」あるいは「平等化」の方向に進んでいることは間違いない。

こうした政治の変化も、同時にまたそれぞれの個人の権利を重視するということに結びつく。その結果が、第二次大戦後定着した植民地の独立運動であり、世界の人類は等しく、平等な、自らの好む政治体制を自ら選択しうるという条件を保障されたといってよい。

そのなかで経済的に軍事的に弱体であった国でも、すべての資源を一定の方向に集中して急速に国力を高める機会も次々生まれてきた。第一次大戦後成立したソ連では、欧州で最も遅れていたロシアを、わずか二〇年足らずの間に欧州最大の工業国家にまで成長させ、同時に欧州最大の軍事力を持つ大国に育て上げた。それは共産党の指導するソ連政府が、徹底してあらゆる資源を、国民生活を犠牲にしてまでも集中的に投入し、大国を建設しようとする目的を達成することに成功したからである。

これは第二次大戦でソ連が、欧州大陸で最も経済力が大きく、国民生活の水準も高かったドイツを軍事的に完敗させたという形で、その成果が誇示されている。第二次大戦後もソ連の成長は続き、七〇年代においては、世界最大の経済力、軍事力を持つ米国と対等の軍事力を備えるところにまで到達した。

同時に、国内政治においては、第二次大戦後、日本など、一連の国家がその体制を大幅に変更し、さきに挙げた民主化、平等化の方向に政治の改革を推進したことによって、経済成長を著しく加速させたことも紛れもない。

それだけまた、経済と政治との結びつきが強まったといってよい。第二次大戦後独立した一連の国々のなかでも、韓国のように、厳しい軍事的な対立という環境のなかにあっても、経済成長に成功し、驚くほど早い速度で国民の生活水準を引き上げた国々も少なくない。こうした政治の影響それ自身も、実はその背後には技術の進歩、これに支えられた経済の成長、さらにまた社会の発展があったのである。

新たな歴史を築く

人類の進化あるいは人類の行動が、ますます早いテンポで進んでいくなかでは、人類の歴史はそのまま繰り返されることはありえない。たとえば戦争をとっても、一九世紀までは、敗戦国は必ず、復讐のために戦勝国に挑戦しようとするのが常識であった。第一次大戦、第二次大戦のつながりも、こうした観点から見ることができる。だが、第二次大戦後は、こうした復讐戦という考え方をいっさい否定する状況が生まれてしまった。それは、核兵器の登場による戦争の巨大な「破壊力」を認識せざるをえなくなったためである。

とにかく先進工業国の間で大規模な戦争が発生しなかったのも、実はこうした「核兵器」のあまりの破壊力のすさまじさに、人類すべてが慎重な行動をとらざるをえないと覚悟を固めたためである。率直にいって「核兵器」の脅威は、いったんそれが使われた場合の破壊力のすさまじさに思いをいたすならば、人類そのものに、ある意味での神経衰弱にも似た厳しい状況をもたらすといってもよい。

理性ある政治家ならば、自国の国民全体を破滅に引き込む、いわば政治的な自殺行為に踏み切れないとの抑制を、あらゆる面で意識せざるをえないことも事実であり、これからはおそらく、二一世紀にかけて、世界が大規模な戦争に突入するという危険をほとんど考えなくてもよいだろう。

それはまた同時に、軍隊そのものの役割が、かつてとは違う状況に置かれることを意味する。としても、軍隊そのものがここで完全に消滅するというのではなく、国家権力の支柱としての武装集団、その役割を軍隊が果たし続けることは間違いない。ただ、いままでとは違った役割を軍隊が演ずるということだけであって、軍隊そのものの完全な消滅を予測するのは、まだ時期尚早といわざるをえまい。

結果としていえば、歴史はそのままの形で繰り返すことはありえない。とくに第二次大戦後今日に至るタイムスパン、それは、あらゆる面での変化の早さと相まって、それまでとは一変した国際情勢、さらにまた国内の政治情勢、社会情勢、経済情勢等々が絡み合って、おそらくこれからさらに、今世紀いっぱい人類を戦争から遠のける役割を果たすに違いない。

軍隊にとってだけではなく、こうした変化をしっかり見据えることは、企業経営者にとってはいっそう厳しく要求される。軍隊とは違い、国家権力そのものではない民間企業にとっては、市場での競争の敗北は自らの破滅を意味する。しかもそれは、日常普段の活動を通じてしだいに明らかになるのであって、戦争というごく短期間の武力行動の結果が生む敗戦とは様相の異なる厳しい状況を企業経営者に意識させる。

すでに挙げたインフレの鎮静と自由化政策、それが企業の経常環境に何をもたらすか。これは経営者にとって、またそこに働く従業員にとっても、より真剣に、かつ広い視野から検討しなければならない大きな課題なのである。

第二節　人間の本性に基づく

楽して生活したい

人間は動物の一種である。当然のことながら、生活を維持するために、多くの物資を必要とし、さらにまたその物資の生産、供給を確保するための経済活動が、いわば人間を人間たらしめている最大のポイントである。この経済活動を通じて人間は、最大の目標、すなわち「楽して生活したい」という欲望をなんとか充足したいと、発生以来今日まで数千年の歴史にわたって努力を続けてきた。一八世紀末の産業革命以来、こうした「楽して生活したい」という人間の基本的な欲望を満足させる手段は、主として技術を進歩させ、少ないエネルギーで多くの物、物資を生産し、社会全体の生活水準を向上させることが可能になったため、それ以前の人間による人間の収奪、すなわち人間が他の人間を支配して、その人間の労働によって生み出された物資を自分の生活に役立たせるという方式が急速に崩れ始めてきた。

だが今日においても、実は人間が相変わらず「楽して生活したい」と考えている点には変わりがない。ただし、その目的を達成する手段が、以前は他の人間を、暴力によって、あるいは法律または伝統によって支配し、かれらの生産した物資を一方的に取り上げることで達成したのが、今日では、優れた技術の開発と、その運用によって、より少ない労働力で多くの物資を生産する方向で、自らの目的を達成しようとする方向に、手段のあり方が大きく変わってきたのである。

平時にあって、いまどの企業も必死に競争を余儀なくされているのも、ただ単に企業の発展、すなわちその企業の経営者、そこに働く従業員により多くの富をかち取ろうとするがためである。表現をかえれば、自由市場での勝利者になることは、そのままその企業にとっては、自社の製品をより有利な条件で販売し、投入した労働力あるいは資源に比べて、より多くの物資を手中に収めることが可能になることである。いい換えれば、「楽して生活したい」と誰もが考え、誰もがそれを目標にして大きな努力を払うそのなかで、しだいにお互いの努力が制約条件となって、それぞれの企業活動にもはね返ってくるということは紛れもない。

これが戦時になれば、また大きくようすが異なる。すなわち、平時の経済体制では、競争は物、物資の生産、あるいは配分をめぐっての争いであるのに対し、戦時にあっては、逆にすべてが「破壊」を目標とする方向に努力を配分、再組織しなければならない。

平時にあっても、ソ連、中国のような共産圏では、国家のあらゆる資源、すなわち人的資源、原料その他の物的資源、さらにまた科学技術など、あらゆる知的資源を、国家を支配する唯一の政党である共産党の政策に従って、共産党の設定した目標に全部を投入するというやり方が、今日でも行われている。これは、平時にあっても共産圏諸国は、自由諸国が戦時になって初めてとる中央集権的な管理組織を維持し、それに従って経済行動を展開していることを示す。

　こうした計画経済＝戦時経済という図式が、前節でも挙げた国際情勢の変動に伴って、しだいにその有効性を失い、率直な表現を使えば、時勢にそぐわないものになりつつある現状では、たとえ部分的にもせよ、すべての経済活動を中央集権化された国家権力のもとに統制し、調整するという計画経済方式が、急速にその有効性を失う結果をもたらす。

「楽して生活したい」と誰もが考え、誰もが努力し、競争の結果、勝者はその成果をフルに利用できるのに対し、敗者は大きな打撃を受けるという自由競争体制は、戦時経済とは本質的に異なる。戦争が接近し、さらに本格的な戦争が始まった時点では、いかなる国家でも、民間の自由な経済活動を統制して、国家の設定した戦争目標に従属させなければならないのであって、いまの自由経済そのものは、戦争のない平和な時代に最も適合したものである。

　もちろん国際情勢だけで、統制経済かあるいは自由経済かを選択するわけにはいかないが、現実の問題として最大のポイントは、この点の差をどこまで国民が認識しているかによって、政策の基調の選択が決定される。

　これから二一世紀にかけての世界は、まさしく戦争から遠のき、平和へ向かって流れていく国際情勢のなかで展開されるだけに、なおさら「楽して生活したい」を求める人間の本性をより有効に活用できる体制が優位を占めることは避けられまい。

人に認められたい

「楽して生活したい」と誰もが考え、努力しても、その成果は万人に均等ではない。自由競争が支配する市場経済のもとでは、多くの偶然の要素も加わって、勝者と敗者が決定する。勝者は、自分の目的とする「楽して生活したい」という目標を達成して、自己の生活を大きく高めることができるが、敗者はそうした機会に恵まれない。

だが人間は、こうした経済的な目標だけで生活するわけではない。もう一つの要求は、他の人から自らの存在を認められ、かつ自らの努力を評価してもらう、つまり他人に認められるということである。たとえば大学で長年地味な研究を職業としてきた学者が、その研究を続けるということだけに満足感を持ち、経済的には工場の生産現場で働くブルーカラーとほとんど変わらない程度の収入しか得られなくとも、自ら進んで選択した研究活動を通じて、自己の能力をフルに発揮できること自体に強い満足感を覚えることがある。

さらに、あらゆる人間に備わっている本性の一つは、こうした自己満足に限らず、他の人々からかれの存在、さらに果たした役割が高く評価され、他人にそれなりの人間として「認められる」ことであり、それがかれの活動意欲をいっそう刺激することは間違いない。

とくに軍隊のように「破壊」を目標としている人間集団では、「楽して生活したい」と考えること自体、軍隊の規律を弱め、戦闘効率を大幅に低下させる。軍隊では「楽して生活したい」という人間の本性を抑え、むしろ人間にとって最もいやな、生死を賭しての思い切った活動に没頭することこそ、軍隊に属する人間にとっての最大の喜びと感じさせることが、軍隊の戦闘効率と戦闘意欲を高める手段なのである。

こうした他人にその存在が認められ、かつその業績が高く評価されるという事態、それはとくに「戦争」の場合に著しく成果をあげる。自らの生命の危険を冒して敵の航空機を多数撃墜したり、敵の戦車をできるだけ多く破壊したりする行動に、どの軍人も喜びを感ずるような雰囲気、あるいはまたシステムを軍隊内に定着させてこそ初めて、軍隊は高い戦闘力を発揮できる。

民間企業と同様に、あるいは平時の自由社会と同じく、「楽して生活したい」という風潮が戦時の軍隊で広く定着したとすれば、同じような給料あるいは食糧の配給を受けながら、生命の危険のない後方での楽な勤務に軍人が率先して就こうとし、生命の危険がある第一線での戦闘行動を忌避し、避けようとする風潮が強まるからである。したがって軍隊では、企業と違って「楽して生活したい」とする人間の本性を否定し、それにとって代わって「他人に認められたい」という考え方に軍人全体の意識を塗り変えようとする努力が強く求められる。

それはまた同時に、平時の職業に従事していた青年を、そのまま軍服を着せ、かつ銃を持たせても、優秀な戦闘員、軍人になれないことでもある。軍事訓練の目的の一つは、こうした意識の転換をなしくずしに、かつ堅実に実行することにある。民間にあって「楽して生活したい」と考えている青年に、いきなりこうした厳しい発想の転換を求めても、それは容易なことではない。戦場に送り込んで、高い戦闘効率を発揮する軍人に仕立て上げるためには、それなりの準備教育が必要なのであって、それが軍事訓練といってよい。

軍隊を構成する人間にとっては、たしかに「楽して生活したい」という人間本来の要求を抑制し、逆にもう一つの要素、すなわち「他人に認められたい」と考える方向になるべく多くの人間の意識を切り替えさせることがきわめて重要なのである。平時にあっても、軍隊を構成する人間、すなわち軍人は、民間の企業に属する人間とは違って、経済的な条件は必ずしも民間と同一ではなくても、こうした「他人に認められたい」という欲求を満足させるいろいろな措置を講じておかねばならない。それが前章でいったたとえば勲章の役割であり、同時にまた、昇進の基準にもこうした考え方を導入する必要がある。

自己満足

さきにも挙げたが、自ら希望した研究活動に一生を捧《ささ》げた学者は、経済的な待遇あるいは社会的な評価では必ずしも十分の成果が与えられなくとも、自ら選んだ道を全力をあげて進めたということ自体に、強く満足感を覚えるものである。

同様に、あらゆる職業を通じて、その職業の選択が自発的な意志に基づくものがあるかぎり、この職業を全力をあげて従事できたということ自体に、人間は強い自己満足を覚える。一見目立った成功を収めたとは言い難い人物であっても、一生を自ら求め、選択したコースに従って行動できた人間なら、一生を終わるにあたっても、十分の満足感をもって自らの進んだ道を振り返ることができよう。生産活動に従事しない教師あるいは宗教家なども、おそらくこうした自己満足に支えられて努力を続けているのである。

経済活動に従事する民間企業の従業員も同様であって、よりよい製品をより安いコストで生産するために、あらゆる創意工夫をこらすこと自体に強い満足感を持つ従業員は、これまた少なくない。かれらにとっては、こうした努力それ自体に満足感を覚えているのであって、それが他人によって評価され、さらにまた経済的に優遇されるかどうかなどは二の次の問題になる。

こうした自己満足に自らの努力の源泉を求める風潮は、もちろんのこと、時代を超えて、いつの場合にも、どの地域にも、どの国にも存在するが、最近のように「情報化」が進み、同時に多くの人々の個性に高い評価が与えられるようになると、単に自己満足だけを求めて行動するのではなく、行動の結果について、他人の評価、したがってまた経済的な条件の改善を求める雰囲気が強まることも紛れもない事実であろう。

だが、いつの場合にも、こうした人々、あるいはその活動が他人の評価の網の目からむしろ漏れることのほうが圧倒的であることも間違いない。こうした人々にも、やる気を引き出し、かつ前向きの姿勢での努力を求めようとすれば、それは自らの望んだ道に自らのすべてを捧げて努力すること自体に満足感を覚える、また覚えるべきであるとする教育が重要になる。

やる気を引き出す

人間本来の姿は「楽して生活したい」という望みである。だが実際には、こうした欲求をすべての人に満足させることはできず、そこではもう一つの要素、すなわち自己満足を感じることに生活の目標を置くような努力、あるいは教育がきわめて重視される。他人が見ていようといまいと、与えられた自分の仕事に黙々と全力をあげて努力する人間が、他人に評価されるかされないかにかかわらず、強い満足感をその仕事それ自体に感ずることも、きわめて重要なのである。

こうした自己満足を感じさせる社会制度の基盤は、何よりも誰もが平等に扱われ、経済的な格差が最も小さく、極小に押さえられている社会でなければならない。戦後の日本の社会で急速に目立っているのは、こうした自らの仕事に他人の評価があろうとなかろうと自己満足を覚える人々が、とくに経済界では圧倒的に多い点である。その結果、同業他社により高い給与で引き抜かれることよりも、自らの与えられた仕事を自らの努力によって完全に遂行することに強い満足感を覚える従業員は、それだけ企業に定着する率も高く、いわばかれらが中核となって、より高い品質と信頼性を生み出す背景となる。

もし「楽して生活したい」という人間の本能だけが強く表に出てしまうとなれば、こうした「自己満足」の評価が低下し、それはまた同時に、経済的な利益だけを求めて、次々に企業を転々とし、あるいは新しい職業に転職する風潮を強めていく。この意味では、人間のやる気を引き出すにも、「楽して生活したい」という人間の本能をあまりにもむき出しに露骨に打ち出すよりも、むしろ自らの選択した仕事を、自らの最大限の努力を払って遂行することに「自己満足」を感ずるような組織のあり方が、より重要になってくるといってよい。

この意味では「自己満足」だけに限定されるとしても、すべての従業員にやる気を引き出すための人事管理の平等主義あるいは格差の解消を目指す努力が、全体としてのやる気を引き出す最も有効な手段になるといってよい。

第三節　教訓を役立てる

事実を正確に知ること

あらゆる問題について当然のことだが、教訓を学ぼうとすれば、まず第一に、起こった事件のいきさつ、その内容、また結果についても、正確な事実をすべて知らなければならない。

どの国の軍隊でもそうだが、戦争が終われば必ず、軍隊を統率する組織、すなわち参謀本部あるいは軍令部、さらに軍事行政を担当する役所、陸軍省、海軍省、空軍省などの手で、戦争の経過を正確に記述した「戦史」を編纂《へんさん》する。

だが、実際に「戦史」の記述は、その基礎となる資料が、戦闘に従事した軍隊の指揮官から提出された報告であり、さらにまた、上級司令部の評価である以上、「戦史」の記述は必ずしもすべてが正確というわけではない。とくに大きい問題は、戦勝国の軍隊の「戦史」で起こる。戦争に勝ってその勝利に酔っている軍隊は、当然のことながら、戦闘の経過についても、上級指揮官の指示命令、あるいは戦闘の経過それ自体を通じての下級指揮官の指揮ぶりについて、個々の戦闘員の戦闘行動について、正確さよりも、参加した軍人の功績を浮き彫りにするような記述が多くなることは避けられない。

たとえば日露戦争に勝った日本陸軍の編纂した『日露戦史』は、その内容において、必ずしも正確さが保証されていたわけではない。同じ日本陸軍が、第二次大戦で敗れた後、防衛庁戦史室の手で編纂された『大東亜戦争戦史叢書』を見ても、必ずしも個々の指揮官あるいは部隊の行動については一〇〇%の正確さが保証されていない。

同様に、第二次大戦直後から刊行されている米国陸軍の公式戦史『ユナイテッド・ステイツ・アーミー・イン・ワールド・ウォー・ザ・セカンド』を見ても、必ずしもその記述は正確ではない。

こうした公式戦史の持つ限界性を十分承知して、そこから教訓を引き出すには、それなりのさらに専門的な研究を必要とする。

民間企業の場合であっても、あるプロジェクトの成功、失敗について、必ずしもいつも正確な記述、資料に基づいた評価が下されるという保証はない。たとえ失敗に終わったとはいえ、そのプロジェクトを推進してきた経営者が現にその地位に就いているかぎり、そのプロジェクトをめぐっての正確な記述を資料として残せというほうが無理かもしれない。軍隊であれ、企業であれ、「人間集団」には、こうした制約がいつもつきまとうものと考えておかなければならない。

だが、事実を正確に知るための努力を怠っては、もちろんのこと正確な教訓を学ぶことは不可能である。ということは、教訓を学ぼうとするかぎり、あらゆる資料を集め、かつそれに目を通すだけでなく、それぞれの資料の記述する内容の食い違いに、鋭い批判的な目を持たなければならない。こうした批判的な目をたえず持って資料を読み解くということ、それ自体、たいへんな厳しい作業を要求される。だが、こうした厳しさを抜きにして教訓を学ぶことはできないのである。

宣伝と実態の差を見抜く

言論の自由が保障されている自由世界とは違って、すべてがそのときどきの政権の政治的な要求に応じなければならない共産圏では、もう一つの大きな制約、すなわちすべての言論活動が、そのときどきの政権の政治的な必要に奉仕する「宣伝」の性格を強く持つということである。

たとえば中国の文化大革命をとっても、あの当時、文革を推進していた毛沢東派の主張をそのまま鵜呑《うの》みにして、文革を「人類初の壮大な実験」と評価した中国専門家たちは、たちまちにして文革後、政権を握った反毛沢東派によって、かれらのその当時の主張が完全に裏切られてしまった。文革はやはり権力闘争だったのであり、毛沢東派とかれに反対する政治勢力との血みどろの決闘だったのである。こうした実態が明らかになるその過程で、日本の中国専門家たちの多くは、自らの権威を否定せざるをえない立場に追い込まれてしまった。この宣伝と実体のズレは、今日でも変わらない。

戦争といった国家によって遂行される巨大な行動には、こうしたときの政権の政治的必要を満足させるための「宣伝」が伴うのであり、この宣伝によって、強い先入観を与えられてしまい、それに判断の基準を委ねれば、教訓を学ぶどころが、むしろ逆に実体そのものの正確な理解すらできなくなる。こうした厳しい条件をたえず意識することなく、もし共産圏の情勢分析を行うならば、これは初めから判断の誤り、失敗をもたらすだけといわざるをえない。

同様のことは、自由世界においてもいえる。石油ショックの当時、石油の供給が停止する、あるいは所要量に満たない供給不足の状態が続くという「宣伝」は、第一次、第二次石油ショックとも、原油の輸入量が戦前、戦後を通じて最高記録を更新した「実体」とはまったく関係がなかった。このときにも、正確に「実体」を把握し、それに基づいての情勢判断、さらに行動の指針を導き出した経営者は、圧倒的多数の「宣伝」に惑わされた人々に比べて、もちろんはるかに有利な立場に立ったといってよい。

こうした宣伝と実体のズレは、事態が深刻さを帯びていればいるほど、激しいものにならざるをえないのである。また、そのことを明確に認識しなければ、教訓を引き出すことなどもちろんできはしない。

こうした意味でも、事態が深刻であり、かつ先鋭化すればするほど、いっそう「宣伝」そのものも根底から疑ってかかるだけの冷静さが強く求められる。これは教訓を学ぶためだけではない。あらゆる場合の情勢判断に欠かせない前提条件なのである。

スローガンにだまされない

とくに戦争といった事態では、国家の持つあらゆる資源を戦争目的に動員しようとする政府は、これまた「実体」にかかわりなく、スローガンを、しかも国民の心に染み入りやすいスローガンを掲げて、国民の精神を戦争目的に集中、統一しようと努力する。「スローガン」の役割は、まさしくこうした国民の精神動員のための基本的な手段であることであり、それがまた同時に、戦争が終わった後も、その戦争に対する国民のイメージに強く影響をもたらすことは間違いない。

第二次大戦後最大の武力衝突だったベトナム戦争をとっても、米国政府の示したスローガンに対し、「民族自決」、さらに「米帝国主義の侵略撃退」をスローガンに掲げたベトナム共産党の指導者は、その一方で、北ベトナム軍による南ベトナムの侵攻という「実体」を完全に秘密のベールに包むことに成功したため、そのスローガンの有効性、すなわち米国民の戦意を失わせるうえに、スローガンを徹底して活用することに成功した。しかも、こうしたベトナム側の宣伝攻勢に対し、米国政府は有効な対抗手段を持たず、言論と報道の自由を利用した米国ジャーナリストのセンセーショナリズムが、結果としてはベトナム側の宣伝攻勢に有効な支援材料を提供し、その結果、米国はベトナム戦争に敗北したのである。

このようにスローガンの役割は、それが有効に活用されるかぎり、きわめて大きなものがあるといってよい。ベトナム戦争に勝ったベトナム労働党（共産党）の指導者は、結果としては南ベトナムを軍事的に制圧し、南ベトナム政府を滅亡させ、ベトナム人民により自由な豊かな生活を保障するどころか、その後一五〇万にも達する「ボートピープル」の発生からわかるように、共産党による独裁体制の確立のみを目標に行動してきたことは、いまでは紛れもない事実と誰にも認められている。だが、ベトナム戦争の過程では、こうした「実体」の指摘に心を動かされる人はむしろ少なく、ベトナム労働党指導部の提示したスローガンのみが一方的に受け入れられたことは、米国政府の宣伝政策に大きな誤りがあった何よりの証拠でもある。

この点も教訓を学ぶさいに重要なポイントといってよい。実はこうしたスローガンの役割について、日本人はとかく鈍い感覚しか持ち合わせていない。

それも、スローガンそのものに対して決定的な不信感を持っているためだけではない。政府の示すスローガンそれ自体に、どことなくうさん臭さ、あるいはまた不合理さをなんとなく感じ取っているだけにすぎない。

スローガンはある意味では「実体」を隠蔽《いんぺい》するものであり、スローガンに情勢判断の基本を置くこと自体、教訓を学ぶ姿勢とははるかに遠いといわざるをえない。

歴史の教訓はただでは学べない

歴史の教訓を学ぶのは、きわめて高価な犠牲と努力が必要である。日本が第二次大戦で敗れたのも、その発端は、中国の民族主義に対する蔑視、軽視、あるいは無視であった。だが、敗戦の衝撃で日本人はもう一つの大きな誤りを犯している。それは、中国が日本に対して強大な影響力を行使しているのに対し、平和国家あるいは「軍事小国」路線を採用した日本は、もはや中国に対して、ほとんど影響力のない「小国」であるとする錯覚である。

実は戦後の日本は、戦前の日本と同様、中国に対してきわめて強い政治的、経済的な影響を及ぼし続けている「大国」である。日本人はこうした判断を持とうとしない。戦前の中国蔑視の一八〇度裏返しともいうべき、中国に対する尊敬、あるいは敬意を示すことだけが、中国に対する正確な認識の前提条件とする考え方を日本人に植えつけたという点では、中国の「宣伝攻勢」は一定の成果を収めたといってよい。

こうした戦前と裏返しの中国崇拝が、実は日中の経済関係にも強い影響を及ぼす。一九八〇年の「経済調整」によって、日本の企業は多くのプラント輸出契約をキャンセルされ、ごくささやかな違約金の支払いで満足せざるをえず、再び同じプラントを中国が、日本ではなく、他の競争相手、たとえば西独に発注するという事態を迎えても、これに厳しく抗議することすらできなかった。こうした動きは、いわば国際常識とはまったくほど遠い中国側の、はっきりいって背信行為なのだが、日本の経済界はもちろんのこと、日本のマスコミでも、こうした事実を明確に指摘する人はいない。

一九八五年になって、再び中国が「経済調整」に転換したときも、中国側から日本が輸出した商品、たとえば乗用車について、明らかに合理的な根拠のないクレームが申し立てられても、これに日本側が厳しく反論し、事実を指摘して中国側に反省を迫るということはない。ここでもまた日本側は、中国側の「宣伝攻勢」にしてやられたというほかはあるまい。

こうした経験がもちろん度重なるにつれ、日本人も中国の、とくに中国共産党指導部の行動様式について、それがどういうものであるかを正確に認識するようになる。これはもちろん当然のことといってよいが、それまでの過程で被った大きな損失をどのように埋め合わせるかを考えれば、あまりにも高価な代償を払っての教訓の勉強といわざるをえない。このように具体的に教訓を学ぼうとするには、何よりも正確な事実を知り、同時に宣伝と実体の差をはっきり認識し、さらにスローガンそのものについての明快な、かつ冷厳な批判的な態度をとらなければならない。さもなければ、結果としてはあまりにも高価な代償を支払い続けなければならず、歴史の教訓を学ぶには、ただではできないことをさらに何度も経験しなければならない。

もちろん、日本の企業にとって、中国との交渉だけではない。こうした歴史の教訓を学ぶためには、それなりの高い代償と大きな努力が必要であり、こうしたことを抜きに、いたずらに安直な歴史の教訓をいくら繰り返してみたところで、それは日本人の国際感覚を育て、日本人が経済力に相応した国際的な威信を確立するのに役立たないのである。それはまた同時に、民間企業にとっては、きわめて重い負担を覚悟しなければならないことでもある。幸いにも、こうした歴史的な教訓を学ぶのに失敗しただけで企業が倒産することはこれまでになかったとはいえ、これからの時代では、あるいは歴史の教訓を学び損ねたために、世界的な大企業であっても倒産に瀕《ひん》する事態が発生する恐れは十分あると承知しておかねばなるまい。

それだけまた、歴史の歩みが早く、かつ厳しいものになったのである。

[略歴]

長谷川　慶太郎（はせがわ・けいたろう）

1927年京都市に生まれる。1953年大阪大学工学部卒業。新聞記者、証券アナリストを経て、現在、多彩な評論活動を展開中。この間、石油危機の到来、冷戦の終焉を予見するなど政治・経済、国際情勢についての先見性をもつ的確な分析を提示。日本経済や産業の動向について、世界的、歴史的な視点も含めて独創的にとらえる国際派エコノミスト。1983年『世界が日本を見倣う日』で第3回石橋湛山賞を受賞。1994年『「超」価格破壊の時代』で日本経済のデフレ到来をいち早く予測、以後のデフレ論の嚆矢となる。
著書に『これまでの百年　これからの百年【増補改訂版】』、『平和ボケした日本人のための戦争論』（ビジネス社）、『世界大激変』(東洋経済新報社)、『最強の日本経済が世界を牽引する』(KADOKAWA)、『2017長谷川慶太郎の大局を読む』（徳間書店）等がある。

最強の組織力

2016年11月15日　　第1刷発行

著　者　長谷川 慶太郎
発行者　唐津 隆
発行所　株式会社ビジネス社
〒162-0805　東京都新宿区矢来町114番地 神楽坂高橋ビル5F
電話　03(5227)1602　FAX　03(5227)1603
http://www.business-sha.co.jp

〈装幀〉上田晃郷　〈本文組版〉エムアンドケイ　茂呂田剛
〈印刷・製本〉中央精版印刷株式会社
〈編集担当〉内田裕子　〈営業担当〉山口健志

ISBN978-4-8284-1918-3